非住宅

【荷兰】Mark-Another Architecture杂志,【美】Dan Rubinstein 编著

高 杨 译

电子工业出版社
Publishing House of Electronics Industry
北京·BEIJING

目　录

04　　序言（丹·鲁宾斯坦）

06　　引言（大卫·科伊宁）

14　　韦尔纳·索贝克，德国Meßstetten

20　　速度工作室，日本冈崎

26　　约翰内斯·诺兰德·阿吉泰克德，瑞典哥森堡

32　　唐泽游助建筑事务所，日本千叶县

42　　苏巴克特图拉建筑事务所，西班牙加拉帕加尔

48　　保坂猛建筑事务所，日本东京

54　　米歇尔·马尔灿建筑事务所，美国洛杉矶

64　　阿姆特建筑事务所，德国图宾根

74　　缪尔·曼德斯建筑事务所，澳大利亚墨尔本

80　　布世建筑事务所，日本我孙子市

86　　迪克·范·加梅伦建筑事务所，荷兰纳尔登

96　　藤元添建筑设计事务所，日本东京

106　　雷根斯堡建筑事务所，瑞士奥博文宁根

116　　维尔德·文克·泰里欧建筑事务所，比利时根特

122　　前田启介/UID，日本冈山

128　　西泽隆荣，日本东京

138	安德鲁·梅那德建筑事务所，	澳大利亚墨尔本
144	普拉斯马工作室，	意大利塞斯托
154	简居广司联合公司，	美国米尔谷
164	藤本壮介建筑事务所，	日本西宫
174	二氧化碳工作室，	日本名古屋
184	加加建筑工作室，	荷兰莱顿
190	Sio2亚克&米巴建筑事务所，	西班牙希洪
196	速度工作室，	日本丰川
202	马目设计公司，	荷兰阿姆斯特丹
212	约翰斯顿·马克里公司，	美国奥克斯纳德
222	约翰南·赛尔宾和艾纽克·伏戈尔，	荷兰阿尔梅勒
228	维尔·阿勒特建筑事务所，	西班牙马尔韦利亚
234	iroje KHM 建筑事务所，	韩国首尔
244	唐泽游助建筑事务所，	日本埼玉县
250	雷乌夫·拉姆斯塔建筑事务所，	挪威耶卢
256	MBA/S 联合公司，	德国斯图加特
266	克敏佐佐木合伙人公司，	日本丰田

非住宅

序　言

丹·鲁宾斯坦

　　我记不清是何时开始接触这个总部位于阿姆斯特丹的双月刊建筑杂志《MARK》的了。但是我至今仍然能回想起我一字不漏地读完的第一本《MARK》杂志。那是第32期，封面是天才建筑家费尔南多·罗梅洛设计的超凡脱俗的索马亚博物馆。这本杂志插图华丽、纸页厚重，布局时尚而精致，把我带到了一个梦寐以求的全球建筑殿堂：在那里，最卓越的建筑天才交付了绝世的设计作品，他们面对的可能是不足的预算和非常宽容的客户。《MARK》的世界是每位设计师企足而待的天堂。

　　我还是《MARK》的姊妹杂志《FRAME》的忠实读者。《FRAME》创刊于1997年，侧重室内设计。《FRAME》有一个享誉全球的名号，那就是最进步的杂志，从零售业室内设计到时装秀设计不一而足，对一切设计心存敬畏。我是在纽约《SURFACE》杂志社做编辑时了解这两本杂志的。当时我们的设计编辑肖奎尔斯·莫尔诺拿来了很多国际知名杂志，来激发大家的灵感，其中就包括《MARK》和《FRAME》。《SURFACE》在当时是美国为数不多的真正国际化和现代化的设计杂志之一。我们陶醉于海外媒体显眼的、热情洋溢的标题。"他们真的懂了。"我们这样认为，因为我们不得不频繁地在出版行业向我们共事的每一个人宣传进步的、现代的设计的优点。

　　几年后，我很幸运地与《MARK》杂志的出版商合作完成一项编辑任务，我们有了将这本杂志最有纪念意义的项目整理编撰成书的想法。我们都认为重点应放在展现住宅建筑上。这也是《MARK》杂志的前卫视角与日常生活相关联的一个焦点。

　　在本书所提到的项目中（我们从杂志出版以来的数百个有价值的建筑项目中精心选取），没有单一的建筑形势。除了个别交叉以外，每个项目在物质性、样式、规模和设计上都各有不同。在后千禧年时代和互联的世界，本书中的每个建筑师都有丰富的信息渠道和灵感，可以交互借鉴这些信息，但这个过程要受到自身文化背景、场地约束和客户情况的限制。比如第32期德国建筑事务所阿姆特（AMUNT）设计的JUST K房。为了规避当地的建筑法规，避免与当地人的纠缠，设计师们创造了一个令人愉悦的奇形怪状的房子，内部构造主要由与相关规定要求一样的木板搭建而成。令人惊奇的结果是这个建筑从概念上来说是突破性的，从功用上来讲却十分实用。

　　本书中的项目一次次挑战"住宅"这个概念。它彻底改造了建筑传统。你可以在本书中找到为一对东京的夫妇和他们的父母设计的住宅，环绕一个巨大的山毛榉树的乡间房屋，以及巧妙地建造在一个葱郁的缓坡上的寓所和画室的结合体。

　　其中最吸引人的是超越了美学和时尚趋势，只为简单地满足客户最个性的需求，无视一切约束，重新定义家庭生活概念的超进步的建筑本质。

　　这个全新的视角是《MARK》所有工作人员多年来贡献的结晶，尤其是其记者、摄影师，当然啦，还有建筑师。为本书提供材料的有独具慧眼的《MARK》主编Robert Thiemann和Rudolf van Wezel、编辑部主任Arthur Wortmann、编辑David Keuning、FRAME出版社图书编辑Sarah de Boer-Schultz，以及Rizzoli出版社的Alexandra Tart、Dung Ngo和Ron Broadhurst。

　　本书的书名受到画家雷尼·马格利特的著名画作《形象的叛逆》及其令人费解的解释"这不是一根管子"的启发。对有些读者来说，本书中提及的建筑解决方案超乎想象和期望。的确，读者不能让建筑师重新塑造他们在《非住宅》这本书中看到的设计作品；但本书会通过无限的建筑设计方式来激发读者。

引 言

大卫·科伊宁，《MARK》杂志编辑

01

本书汇集了《MARK》杂志发表过的33个住宅设计案例。《MARK》的第一本杂志出版于2005年下半年，目前呈现在您面前的是无穷无尽的编辑决策的浓缩版。《MARK》出版后的头十年，刊载了600多个独立式住宅，本书收录了其中的5%。

如何评价这种选择呢？我们不能说本书中收录的设计案例都是最好的。我们很难确定每天吸引《MARK》的编辑注意的那些住宅设计中，哪些应该收录在本书中。对剩下95%的刊载在《MARK》杂志中但没有收录在这本书中的住宅设计案例来说，尝试给"最好的"下定义是不公平的。只能说这本书中的设计案例是挑战极限的范例。

这些住宅的地理分布很有趣。《MARK》标榜为全球建筑杂志，但是在实践中关于这些房屋设计的地点却有很多盲点。当然，西方国家的案例较多：《MARK》中提到的建筑大多数位于欧洲、北美、澳大利亚、日本、新加坡和韩国。金砖国家和中东国家也常常被提及。但编辑报告显示非洲、中亚和美国中部有很大差异。对此有一个解释。抛开实用性不谈，从建筑艺术的角度来说，建筑设计不仅仅局限于发达国家和新兴市场，但是其条件（尤其是繁荣程度和文化传统）在发达国家和新兴市场更容易出现。对那些很难满足建筑设计的最基本需求的国家来说（比如那些住不上房子的国家），建筑设计是一件可望而不可及的奢侈事。

本书设计案例中的房屋分布与杂志中大致一致。其中13个在日本，4个在荷兰，德国、西班牙和美国各3个，2个在澳大利亚，比利时、意大利、挪威、瑞典、瑞士和韩国各有1个。（新加坡——目前世界上集体住房领域最先进的国家之一——没有案例收录的原因是因为在新加坡独立式住宅很少见；新加坡85%的房屋是社会住房，私营部门的大部分住宅是公寓式住宅或联体别墅）。

大量的日本建筑案例很抓人眼球。从第一个案例开始，《MARK》展示了一系列日式住宅建筑，甚至有一次还专门介绍了一个特殊案例"日本房屋"（《MARK》第40期）[01]。出乎意料的是，这期杂志是《MARK》有史以来卖得最快的——这也说明我们不是唯一喜欢日式建筑的人。

这种对日式建筑的喜爱很好解释。从类型学的角度来说，日式住宅算得上最常见的一种建筑样式了。但作为一种日常活动，居住要符合文化习惯和传统，这要拿捏一种尺度，那就是与其给它一个更宽泛的定义，不如说保护人身安全是住宅最应当关注的。日本的房屋和欧洲的房屋使用方法不同，在北美也有不同的内涵。

02

作为《MARK》的编辑，长久以来，我们对这些有趣的日式住宅感到惊奇。按照西方标准，它们太小了。一般来说，日式住宅中生活区和起居区没有实质分割。一切都在一个房间内完成。尽管不同空间通过高度的区别来区分，如壁龛或其他一些内容，但所有空间都是相连的。很多情况下，孩子没有自己的空间。他们只是在晚上把日本床垫摊开，铺在地上的任何地方，然后睡在垫子上。像沙发和餐桌这种家具最近几年才在日本出现；在过去，日式房间里空间运用比现在更灵活。日式房屋是高效利用空间的典范，这对今天来说比以往任何时候都有必要。

日式盥洗室的玻璃墙会引发人们的思考：谁会愿意在一个全透明、毫无遮掩的空间用卫生间呢？我们的一个日本记者解释过之后我们才恍然大悟。他说日本的"私密"和西方不同。物理屏障不是必要的，因为日本人非常在意他人的个人空间。当涉及隐私的事情时，他们一定会避开。这种解释很直白，但是对研究日本住宅很关键，比如日本君津市的唐泽祐介建筑事务所设计的房屋[02]，以及东京的西泽立卫建筑设计事务所设计的作品[03]。

日式住宅常常出现在《MARK》杂志中的终极也可能是最重要的原因，是日本建筑师、结构工程师和客户对建筑实践的极大热情使然。他们的古怪想法是西方梦寐以求的东西。但同样地，如果你了解日本人的思维方式，就更能理解。在日本，独立式住宅一般只能保持30年左右。一般来说，日本人每一代都会重新造房子，不会继续住上一代的房子。尽管日本房地产市场的不景气从某种程度上影响了这种传统，但原则仍然存在。当一个房子无须再出售，而且只能维持几十年，它比要传给下一代的房子更适合进行空间和技术上的实验。比如把玻璃房子外壁换成令人难以想象的薄钢结构，就像东京的唐泽[04]和藤本壮介[05]设计的房子；或者看似非常不高效的平面图，如丰川市的速度工作室[06]设计的房屋。它们是其所有者的需求的高度展现，这些客户很愿意接受设计师提出的非同寻常的设计方案。

引 言

非住宅

04

如果你试图用100万欧元的预算来毁掉一个能看海景的独栋别墅，那你真是个糟糕的建筑设计师。

这个命题把我们带到预算对房屋建筑的影响这个话题上来。2005年《MARK》创刊以来，已经走过了10个年头。这十年全球经济动荡。2008年全球金融危机的影响仍在继续。由于银行和消费者的"鲁莽金融"，很多西方国家要应对大量的不良贷款和房地产泡沫。你也许会想象这些发展对呈现在《MARK》中的房屋设计有什么影响。

2013年，法国经济学家托马斯·皮凯提发表了非常热门的书籍《21世纪资本论》。这本书揭露了全球金融日益不均衡的情况。他指出目前股东权益回报率比经济增长率高（至少2008年以来是这样的），同时指出在20世纪之前的每个世纪，财富都日益集中在上流人士手中。假设他的分析是正确的，自《MARK》创刊起，富有的人变得更加富有，而中产阶级变得更贫穷。由于富人总是花钱购买奢侈的住宅和其他房地产，可以说我们这些编辑在过去十年见到的就是这样，因为《MARK》一般会呈现超大的房屋。但我们不知道建这些住宅的钱从何而来。

05

06

非住宅

08

07

客户可能是自有公司的勤奋企业家、毒贩或者从获得政府扶助的消费者银行那里取得解雇补偿金的银行家。我们很难判断他们的身份，但是，有一个原则是，我们会尽量避免刊载极尽奢华的住宅。

作为《MARK》的编辑，我们用一种非正式但客观上实用的试金石去决定是否刊载一个住宅案例。我们将其称为"休闲椅警报"，有游泳池的房屋是可以的，但是带游泳池边的休闲椅的图片会拉响警报。依此类推，所有类似的住宅都不会刊载。这似乎是一种武断的标准，但很好用。虽然休闲椅不是房屋设计的实质部分，但是它们的存在总是彰显一种我们的杂志必须避免的美学。在本书中也是这样，读者不会看到游泳池边的休闲椅。

不刊载极尽奢华的住宅的原因是：有足够的预算和乡间的建筑区域，很容易创造出美好的住宅。如果你试图用100万欧元的预算来毁掉一个能看海景的独栋别墅，那你真是个糟糕的建筑设计师。真正的创意只有在有约束的时候才会涌现，比如：客户的预算有限，一个城市中的、四面都有领居的建筑区域，或者复杂的分区法案。约束条件越多，设计出的住宅就越有趣。这并不是说

本书中介绍的房屋都是穷人的棚户房：从全球的视角来看，他们还是很富有的那些人的家，只是不是皮凯提说的0.1%。

近距离接触制定这本书中的设计方案的建筑设计师是一件令人兴奋的事。引申开来，思考是否真的有"MARK房屋"也是一件有趣的事。基于一些简单的统计数字的做法对我们很有帮助。我们在《MARK》中经常提到的来自世界不同地方的3个设计公司分别是：藤本壮介事务所（日本）、维尔德·文克·泰里欧建筑事务所（比利时）、约翰斯顿·马克里事务所（美国）。到目前为止，这本杂志发表了藤本壮介设计的6个独栋别墅，泰里欧公司和马克里事务所设计的各3个独栋别墅。马克里事务所和藤本壮介设计的住宅还登上了封面（《MARK》第20期和第36期）。[07]这些设计师和设计机构设计的住宅的简单分析也反映了《MARK》杂志的住宅风格。

显然，这三家公司的建筑设计风格迥异。藤本壮介事务所的住宅设计看起来似乎是从工作间里直接搬过来的。其理念常常很简单，从想法到实践非常一致。这种情况常常出现在第一眼看上去是概念住宅的房屋里，在里面居住似乎很不合理。

非住宅

长久以来，我们对这些有趣的日式房屋感到惊奇。

10

藤本壮介在东京的玻璃房子是本书中一个很好的案例。[08]这个房子否定了关于居住的一切常规（从私密性到体系结构的概念），因此非常有趣。对《MARK》刊载的关于这个房子的一个采访中，藤本壮介说他认为这个房子"很舒适，不像那些按传统意义以墙分割不同区域的房间那样让人产生幽闭恐惧"。他似乎没有考虑，从实用的角度来说，很多人更适应传统意义的墙这个事实。面对这种明显的对立，人们开始思考哪种居住条件是绝对必需的，哪种不是。能够满足这个要求的建筑值得我们注意。

维尔德•文克•泰里欧建筑事务所设计的房屋是完全不同的风格。在住宅设计中，他们用朴实的方式搭配即兴创作。他们设计的房屋中常常能看到结构性组件。[09]这些住宅用最简单、最常用的材料建成，如清水混凝土、未经处理的木材或裸露在外的砖。它们看起来就像未完成的住宅，跟"美好"也不搭边，但是非常吸引人。它们展示出一种残缺美。重点不在于给路人特殊的印象，而在于给住户一种舒适的体验。这也是住宅建筑首先要关注的事。

比较而言，约翰斯顿•马克里事务所的住宅设计更正规，也更艺术。主要由直线或有趣的曲线等几何元素构成。这些作品第一眼看上去很简单，但仔细看会发现设计得很精致。一个恰当的例子是他们设计的在加利福尼亚州奥克斯纳德市的一个房子。[10]"设计的流程是在不断地做减法，而不是加法，"马克•李在《MARK》杂志中说，"和之前的设计一样，我们不愿立刻发布内容，喜欢先隐藏其复杂性，一次向外透露一点。"潜在的结构性设计常常很复杂，但在最终的结果中并不是那么明显。约翰斯顿•马克里事务所设计了一个智能建筑，对于分析能力强的人来说很吸引人，对我们来说也一样。

这些房屋案例展示了不同的设计师在不同条件下如何应对同一个挑战。在这个全球化的时代，它们启迪着每一个人。它们的共同点是非常规的设计理念，一种创新性的正式语言，以及对炫耀的厌烦。请看典型的"MARK房屋"。

高科技

文：尼尔斯·格鲁特
图：佐伊·博朗

high-tech

WERNER SOBEK / 韦尔纳·索贝克　　德国MEßSTETTEN

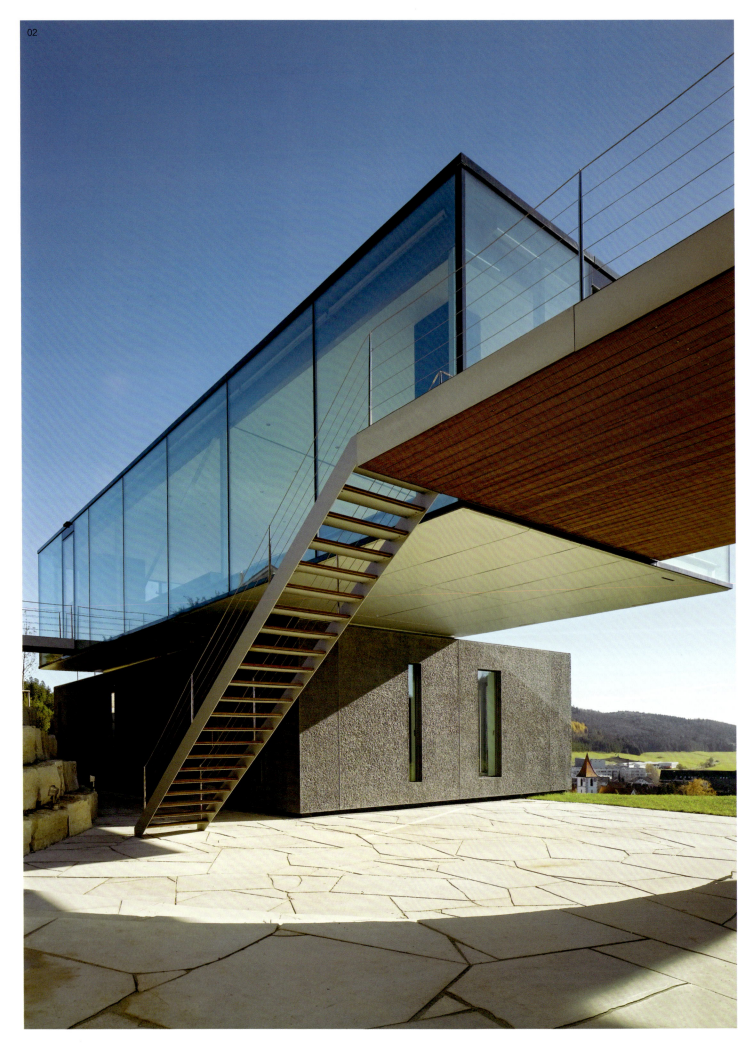

韦尔纳·索贝克展示环境友好型的设计、现代化和舒适感可以在同一个建筑设计里实现。

01-04 在上层楼面,透明立方体里面是起居室。使用三面上釉的玻璃主要是出于环保的考虑。这个房子还有地热和太阳能电池板。

在半山腰,在德国Meßstetten市边上,两个长方形的结构相互叠放,这个建筑叫作H16。低一点的是一个混凝土结构,只有少数几扇窗。浴室、卧室和其他一些隐私的区域位于此。上面的结构是透明的,这样阳光可以照射进厨房和起居室。H16是索贝克试图设计的第二个兼顾现代感和环保的房子。

你似乎发现了绿色设计原则的一种高科技版本。弗兰克·海因莱因(韦尔纳·索贝克工程设计公司):这个设计有两个理念。第一是"三零",即零能源、零排放、零废物。零能源是指平均来看,这个房子消耗的能源和生成的能源基本抵消;零排放是指不燃烧任何化石燃料来产生能源;零废物是指建造房屋的所有材料都可以再利用。第二是给予用户高透明的外观,以及完美设计的内部。这个建筑保障最高的舒适度,与外部环境浑然一体地融合。

一个建筑能做到百分百可再生吗?接受可循环再生是设计和规划流程的必要前提不是一件困难的事。标准设计对此是至关重要的。剩下的事就自然而然了:比如,合成材料不能轻易循环利用,因此使用混合材料是最优选择。用合适的方法处理之后,钢、玻璃和混凝土可以融入建筑材料的生命周期。

05 下面结构的浴室

06 上面结构的起居室中的沙发针对户外的露台

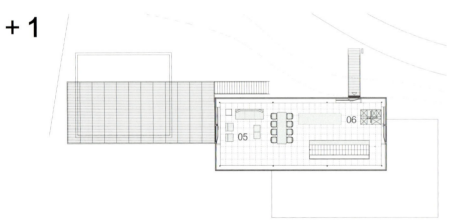

01 车库
02 入口
03 卧室
04 浴室
05 起居室
06 厨房

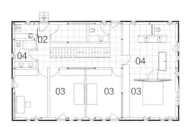

"这个建筑
能保障最高的舒适度。"

勃朗峰

文：高桥正明
图：栗原健太郎

速度工作室兼顾工作和生活，其在乡间的住所为一个家庭提供安静思考的地方。

01-03 这栋建筑夸张的斜屋顶上不同高度开了很多天窗。开放空间能够保证空气流通，同时将不同的平台相连。

04 一楼露台有一个温室，从天窗露出来，见图01。

05-06 二层和三层的平台通过梯子相连。

02

当一个建筑中出现一个不符合比例的元素时，它可以改变我们对整个结构的规模的理解。"我们希望在爱知县的房子脱颖而出，所以我们利用了抽象的本质和独特的比例，就像一座山、一个梯田或者一个工程结构，"速度工作室的栗原健太郎如是说。栗原健太郎和三普岩付一起设计和建造了一个拥有从地面开始延伸的斜屋顶的房子，整个房子的每一面无缝衔接。

一楼有一个美容院，是住在这间房子里的夫妻和他们的两个孩子经营的。他们都住在楼上。因为这栋房子的周围建筑很拥挤，旁边还有几栋两层的房屋。于是，建筑师希望打造一种开放的感觉，因此他们设计了5个无窗框的天窗。这些天窗比周围其他房子的窗户都要大。这种开放的空间会创造一种错觉：速度工作室的房子似乎俯瞰周围其他的房子。此外，天窗让阳光照射进来，提供了天然的通风，也可以方便主人观景。屋顶下面的衔接空间也经过了精心设计，以创造一种穿越山峰的感觉。

"当你在山顶时，透过树叶的缝隙，你会突然看见下面的村庄和上面的天空。这种体验与在房间里偶然瞥一眼窗外是一样的，"栗原健太郎说。他参考白雪覆盖的山峰，因此给这个房子取名"勃朗峰"。

背景很糟糕：
约翰内斯·诺兰德给出了一个强有力、几近标准化的方法，来应对这个项目的极具挑战的周围环境。

01-03 诺兰德选择喷塑钢作为外墙面，来应对周围的工业环境。不规则布置的窗户与外部环境相称，能看到绝佳的风景。

这是博客上可能会给出"平面设计"标签的那种建筑。可能还会附上"清晰的线条"和"简单化"这种陈词滥调。建筑设计师约翰内斯·诺兰德把这个形状叫作"不规则多边形"，这暗示了它的复杂。在一个凹凸不平的建筑工地，设计师对楼层进行了改变，半隐蔽的房间视野很好。这是一个完全不同的建筑：一个复杂程度很高、不循规蹈矩的建筑。

诺兰德为这个1743平方英尺（162平方米）的独户房子Tumle选择的材料是波纹状的喷塑钢。他说"建这样的房子必须参考阿尔瓦罗·西扎"。在这里，灵感来源不是葡萄牙人也不是日本人，而是本地人。

"你参观这栋房子时，就像走进了新泽西，"诺兰德继续说，"你走进喷塑钢外墙的工业荒地。这就是这个设计想法的由来。我们只是对这种想法进行了改良。"把它比作新泽西没什么大不了的。这个房子位于瑞典哥森堡郊外的工业园区。和大多数刚开发的郊区一样，这里可建房子的地很少，剩下的空地也大多是山地。这个房子所处的地方是小木屋和橙红色的预制别墅的混合。

对诺兰德来说，方法很明显："这个房子必须和周围的环境区分开来。"他并不介意表达对周围环境的不满。"我曾想过要和周围的环境融合在一起，但是后来我改变主意了。我现在对自己的选择深感自豪。毕竟你不能向橙红色投降。"

02

黑

文：丹尼尔·哥林
图：拉斯马斯·诺兰德

+2

01 公共入口
02 美容院
03 私人入口
04 餐厅
05 厨房
06 起居室
07 浴室
08 卧室
09 榻榻米
10 露台

+1

0

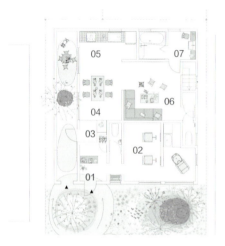

剖面图

> 天窗让阳光照射进来，提供了天然的通风，也可以方便主人观景。

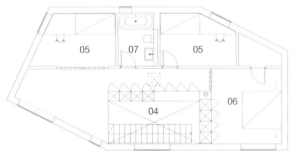

+1

01 入口
02 起居室
03 餐厅/厨房
04 空
05 儿童卧室
06 主卧
07 浴室

04 考虑到地面的高度，请当地木匠打造了下沉式厨房。

05 楼梯用粉末涂层金属打造。透过书柜的透明墙可以看到森林中的山脉。

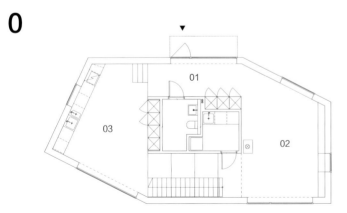

0

这个房子所处的地方是小木屋和橙红色的预制别墅的混合。

JOHANNES NORLANDER ARKITEKTUR / 约翰内斯·诺兰德·阿吉泰克德　　瑞典哥森堡

空 洞

文：严平招
图：塞尔焦·皮罗内

YUUSUKE KARASAWA ARCHITECTS / 唐泽游助建筑事务所　日本千叶县

日本建筑事务所唐泽游助用一个规则的立方体，掩饰了这个超棒的处女作品的令人难以置信的复杂程度。

01 这栋周末休假别墅周围被房总半岛的卡诺山的绿意环绕。

02 这个房子本身的形状像个立方体，通过切割类似的几何空隙来将不同房间连接在一起。

03 螺旋状楼梯将上下两层楼连接在一起，卧室和浴室在楼上。

04 居室中间的一个立体空间将不同房间连接在一起。

一个质朴的红木立方体居于卡诺山的树木中间。43岁的主人每个月要驾车3小时，带着妻子和孩子从东京的家来到千叶县的君津打高尔夫。建这个度假公寓的目的就是届时可以居住在这里。

客户把这个项目交给了日本建筑事务所唐泽游助的负责人唐泽游助。他毕业于庆应义塾大学，在获得《新建筑》杂志（2000）设计大奖和SXL住宅竞赛（2003）之后声名鹊起。他于2006年在东京建立了自己的公司。为了完成第一个设计任务，这位39岁的建筑设计师不惜毁掉了自己在乡间的一个二层住宅。

这个简单的方形结构（总建筑面积936平方英尺/87平方米）共有两层。漆成白色的木制隔断均匀地将上下两层分别隔成四个空间。下层有厨房、起居室、工作室，以及一个旋转楼梯通向楼上的两个卧室和卫生设施。在看似中规中矩的空间中，唐泽挥动魔杖，挖出了6个小立方体，把它们嵌入房子的中间和木制立方体的5个面上。4个四边形的窗户出现在建筑的4个外墙上，房顶4面的开口作为天窗。这些挖空的区域并不是轴对称的。事实上，它们是按照预设的角度旋转得到的。

中间的空洞由两个长方体交叉而成。上层地板上的开口用玻璃镶嵌，这样透过玻璃就可以看到房屋的整个内部空间。墙上随意的开口创造了视觉上的交叉，不只在临近的房间，上层的私密空间也这样。

05 窗户和空隙创造出各种各样的视线,并且使光线照射进这个建筑的几乎每一个角落。

一个质朴的红木立方体居于卡诺山的树木中间。

从主体立方体中去掉几何形状,不仅加强了对房屋内部空间的视觉,还影响了内部空间的私密性。阳光从屋顶的开口和窗户进入,转换路径,在内部的白墙上打出意想不到的影子,给已经多元化的空间又增添了一层复杂气息。

开口的倾斜度似乎很随意,但是唐泽运用了一种算法来确定6个小立方体的旋转角度。根据当地的条件,他用地面自然的坡度30°作为设计的出发点。他说"这可以让住户体验到周围自然风景的伟岸。周围树木葱郁,可以看到南房总国家公园"。这些立方体放置的位置都很讲究。它们的旋转角度之间的关系将它们连接在一起,并创造出一种连续不断的感觉。"这些空间元素互不相连,又是连续不断的。"建筑师说,"由于特定算法确定了这些立方体的旋转角度,因此它们布局的位置不是随机的,这会让住户有一种秩序感。"

客户对这个设计欢欣不已。他喜欢新创意,但对设计师有些疑虑。为了让客户信任自己,建筑设计师花了大量时间和精力来将电脑软件中的三维模型转换成纸上的图像,目的是给客户一个直观的印象。这并不简单,这些小立方体旋转的角度哪怕有一丁点偏差,都会影响最终的结果。建筑设计师通过画出每个细节来解决这个问题。他说,"我设计这个房子所画的图像几乎是同样大小的其他房子的5倍。"

尽管挑战重重,这是唐泽创立公司后的第一个任务,他很感激能有机会在这个任务中采用实验的手法。客户唯一的要求是非混凝土框架。此外,他给了建筑设计师足够的空间来恣意发挥想象力。这个项目所处的乡村位置也是个有利因素,因为这个地方无论是国家的还是地方的建筑规范都管不到。这也避免了向相关机构申报大量文件的麻烦,使得打造一个复杂的、实验派的设计成为可能。

06-07 厨房内景。

08 一个直接通道将餐厅和大厅连接在一起。

01 大厅
02 工作室
03 厨房
04 起居室
05 楼梯的过渡平台
06 浴室
07 卧室

0

+1

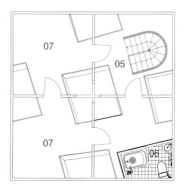

剖面图

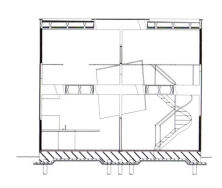

环　形

文：亚瑟·沃特曼
图：大卫·弗洛托斯

西班牙苏巴克特图拉建筑事务所用简单的环形实现形式和功能的碰撞。

01-03 这个蛇状的360屋有效利用了倾斜的坡地,其中一面可以看到远方的山。

加拉帕加尔就在马德里的旁边。在那里,苏巴克特图拉建筑事务所设计并建造了一栋房子,取名为360屋。360这个数字当然指的是几何学的意义:将一个立体物拉长,形成一个环形。建筑的平面图是一种循环不息、生机勃勃的样子。此外,360似乎还是关于这个房子的建筑博客上的数量的标志。每有一篇博客贴出了这个房子的图片,就会有3个博客转载。这个房子似乎进入了一个引人入胜的循环。

这并不意外。苏巴克特图拉的4144平方英尺(385平方米)的房子就是即时经典。它所呈现出的典型性是建筑设计师们梦寐以求的,但很难如此强势、如此纯粹地实现。外墙覆以黑色板岩,内部以毫无瑕疵的白色粉刷:这种严格的二元性清晰地显示出了设计师的概念性手法。这个环形建筑的细节也很值得玩味:建筑的前后两面自然衔接,就像覆着板岩的蛇。

这栋建筑的成功原因之一是有好的建筑商。这个建筑不是为哪个特定住户建的,而是马德里开发商ARCO设计和项目公司的建筑。建筑设计师之所以能打造出概念化的建筑,是因为没有实际应用需求和个人特定需求的限制。

04-06 这个项目的独特外观和布局让房主只通过两条路径就可以到达房间的任何区域。

平面图

01 车库（下面是厨房）
02 门廊（下面是餐厅）
03 主卧（下面是起居室）
04 儿童卧室
05 斜坡

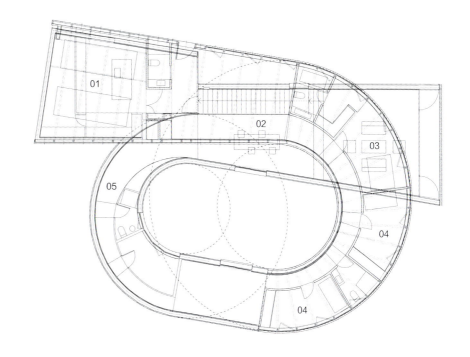

这个房子似乎进入了一个引人入胜的循环。

2009　　SUBARQUITECTURA / 苏巴克特图拉建筑事务所　　西班牙加拉帕加尔

盒 子

文：卡特利杰·努伊杰辛克
图：曲藤井裕久｜娜卡莎及合伙人有限公司

2010　　TAKESHI HOSAKA ARCHITECTS / 保坂猛建筑事务所　　日本东京

保坂猛用建筑让两个孩子与听力有障碍的父母在躲猫猫游戏中增进交流。

01 随意布局的方形玻璃窗安装在建筑的表面和内部——甚至在地板和天花板上。

02-03 植物从地板的开口处探出来，将不同层面联系在一起。这些开口为房间带来阳光，也为父母和孩子们的手语交流提供帮助。

　　一对听力有障碍的夫妻以前和妻子的父母一同住在东京一处嘈杂居民区的小房子里。两个孩子出生后，这对夫妻购买了附近的一块地，要建一个附属建筑，一层有两个小房间，楼上有一个大房间。因为他们的两个孩子——分别是2岁和4岁——没有听力问题，因此建筑设计师保坂猛建议打造一个能够帮助家庭成员沟通的房子。他设计的房子的外形就像一个白色的盒子，外墙、地板和天花板上随意布置了很多8英寸×8英寸的开口。这些开口不仅让阳光照射进来，还能促进手语沟通。另一个优点就是孩子们发现可以通过往这些开口处扔小玩具来吸引家长的注意。一层的盆栽植物通过天花板上的孔洞探到二层，这也是保坂猛设计的突破式开口给房屋增添新功能的另一个实例。"现在听力障碍对这个家庭来说不是什么大问题啦，"保坂猛说，"我希望我的设计能让人们消除残疾会影响人们享受正常家庭生活的念头。"

04-05 这栋775平方英尺（72平方米）的附属建筑的上层是一个宽敞的起居室。上层和楼顶的露台用一个楼梯相连。

"孩子们发现可以通过往这些开口处扔小玩具来吸引家长的注意。"

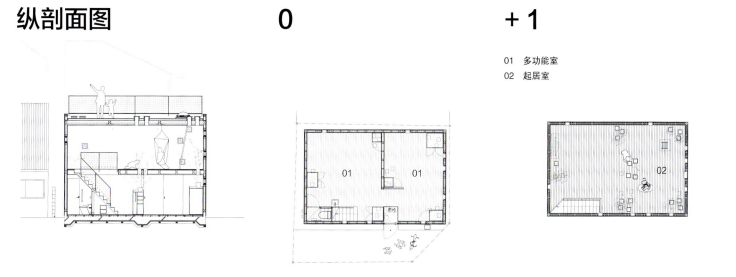

纵剖面图　　0　　+1

01　多功能室
02　起居室

迷　宫

文：绍奎司·莫雷诺
图：伊旺·巴恩

2010　　MICHAEL MALTZAN ARCHITECTURE / 米歇尔·马尔灿建筑事务所　　美国洛杉矶

通过智慧地利用空间，米歇尔·马尔灿在加利福尼亚设计了一个充满变化的七边形房屋。

01-03 Pittman Dowell 住宅用一系列对角切片在不同的房间创造变化的视角。

建筑设计师米歇尔·马尔灿生长在纽约的莱维敦。他依靠自身的努力取得了不俗的成绩。莱维敦是低成本、大批量建造的房屋的试验田，而这种房屋是战后那种毫无新意的乡村社区的写照。马尔灿于1995年在洛杉矶开办了自己的公司，并没有用重复和固定模式来向常规妥协，而是不断打破常规。

很容易理解的是，马尔灿——曾经是弗兰克·盖里公司的职员——用低成本、社会慈善属性的设计项目帮助在浮华的好莱坞大厦和博物馆之间生存的流浪者和穷人渡过难关。他也因此而出名。目前他尝试推动结构性创意，从而用完全不同的方式来解决功能问题：卡弗公寓是一个有20面的贝壳状住宅，是为流浪者打造的；目前还在设计阶段的星公寓是通过万花筒看到的一系列不规则的盒子。这些建筑项目都像受到了离心力作用：就像飞转的齿轮、多边形的集合体，或者正在膨胀或缩小的盒子。

为艺术家拉里·彼特曼和罗伊·道尔设计的住宅是一个七边形建筑，位于洛杉矶以北15英里处，附近山峦叠翠，乡村风味十足。这个6英亩的建筑用地之前计划是理查德·诺伊特拉设计的房屋的一部分，后来经过三个回合，在山的一侧挖出了一个水平面，只在上面建了一个房屋。当时是1952年。

尽管这个新结构并没有公开借鉴Neutra房屋项目，但是它降低了透明度。随着脸书、推特等媒体和智能手机等技术和媒体的应运而生，我们的互联程度越来越高，信息的透明度也越来越高。作为经常参加国际性展会的艺术家，彼特曼和道尔的公众曝光率也很高。马尔灿推翻了Neutra的方案，降低了房屋内部的透明度。如果说窗户是建筑的眼睛，而眼睛是灵魂的窗户，那么这栋房屋正在专注地凝视内部。这种颠覆性的创意部分灵感是"我们努力实现的一个隐喻"。这是一个切割开的迷宫，其目的是用几何原理、柏拉图式的手法来将其切割开来，再重新组装，形成偶数面的外观。

马尔灿最后打造出了一个七边形的外观。因为房屋周围的道路蜿蜒曲折，马尔灿希望这个新结构能够融入周围的环境中。偶数面的外墙严格平行，马尔灿说，"这有一种围城的感觉，我希望当你绕着房子走的时候感觉房子在旋转。奇数面会给人一种永远追逐的感觉。"

窗户的布局也有助于形成一种翻转的效果：房屋内部充满了天窗和玻璃隔断，而外部的开口处却极少。少数的入口也是抽象的。他们战略性地将房屋的内景分割到同样抽象的外景元素中——穿过山谷到达山脊，穿过椭圆的入口进入庭院。马尔灿说，"它们将你置入背景中的同时又实现了去背景化。"

其效果是创造了非常规的背景关系和体验。如今我们能够同时在不同（精神）空间徜徉，却常常混淆了公共空间和私人空间。这就是这个住宅的内部的玻璃结构所表达的直接的、即时的体验。在这里，我们能透过卧室、中心庭院和起居室看到远山。在房间内部，不透明的和（明显）透明的墙沿着对角线或者不规则地穿过这个七边形结构，不是把它分成不同的房间，而是分成一系列区块。给人的感觉就是这个房屋里所发生的一切活动都可以被感知和分享（不一定看见）。

> "我希望当你绕着房子走的时候感觉房子在旋转。"

04-05 这个住宅主要是为了观景：周围的景观地貌、内部的庭院，以及周围的不同房间。

06 内部的墙是为了在不完全关闭的前提下，保证浴室的私密性。

07 在这栋建筑所提供的景致中，我们可以从整个房屋看过去，看到另一端。

甚至连坚硬的墙都会激发人们的想象：比如浴室中正在发生什么，这与门口和起居室正在发生什么是密切关联的。也就是说，这个住宅在这个互联性极高的世界中为住户提供一个安静的所在的同时，在房屋的内部又重新发起了这种互联性。

就因为这个原因，尽管这个房屋最吸引人的地方可能是形状和几何学特点，但其实质的魅力却在于居住空间的品质，对空地而不是框架的感知。很大程度上，这个房子既是城市实验品又是居住空间，是更大的社会动力学的一个缩影。在马尔灿看来，他的客户理解住宅在表达生活方式的同时，还像所有新潮的建筑一样，最主要关注的是创意。事实上，这对夫妻最开始让马尔灿不要加门（马尔灿必须做一个入口）。门的问题实际上是功能的问题：房屋是受常规影响的——厨房就得像厨房、起居室就要像起居室——但这种价值观也可以突破和操控。当然了，创新的设计方案中卧室还是要有床，浴室还是要有浴缸，但是房屋中某些特定空间的设计有所改变：比如说，访客进入房屋时第一眼就会看见浴室。这个住宅的程式化的功能很少：取代设计延展式的、层次分明的房间，马尔灿将关注的重点放在了整个空间上。

高处的Serulnic住宅可以看见房子的屋顶，马尔灿把它称为新结构的主要面。正式屋顶最清晰地展示了这个建筑设计的初衷，以及相互关系的可能性。当然了，这个房子并没有为如何适应互联性日益提高的世界提供解决方案，也没有尝试这样做。相反，它是对现代生活的一种反思。"我对解决什么问题并不感兴趣，"马尔灿说，"思考一种特定的条件并创造与这种条件的联系更重要。"

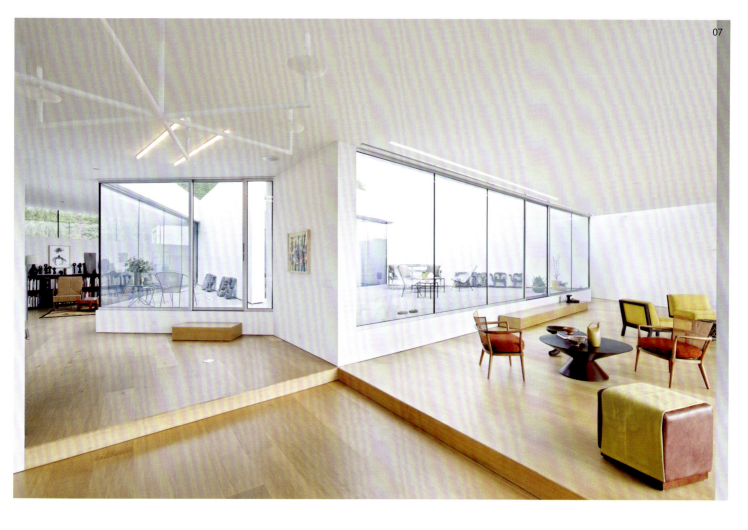

平面图

01 入口
02 起居室
03 餐厅
04 厨房
05 餐具室
06 书房
07 卧室
08 浴室
09 储物间
10 庭院

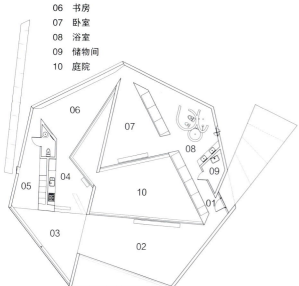

展开图

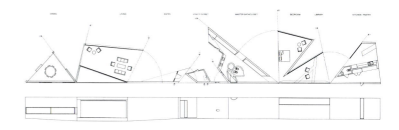

纵剖面图

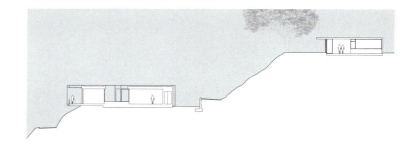

hat 帽子

文：简·西塔
图：布里希达·冈萨雷斯

2010　　ANUBT / 阿姆特建筑事务所　　德国图宾根

让·泰森、索尼娅·纳格尔和比约克·马滕森看不起吹捧那些轻率地对待建筑历史的所谓优化解决方案的地方规定。

01 建筑设计事务所采用当地司空见惯的斜屋顶（屋顶的各边尺寸不规则），通过单一的颜色将屋顶与房屋其他部分结合在一起。

02 在房屋后面设了一个单独的入口，这样将来可以把这栋房子分割成两个独立单元。

让·泰森说，"德国建筑设计事务所对搞怪不感兴趣。"如果是这样的话，那么泰森和他的合作伙伴索尼娅·纳格尔和比约克·马滕森[阿姆特]算是个例外，这一点从他们在德国图宾根市设计的K屋可见一斑。这栋房子有着单一的蓝灰色和突兀的扭曲造型，位于一个保守的大学城，那里没有现代的建筑，因此这栋房子展现了其设计者对那些束缚条件的个性鲜明、讽刺意味十足的回应。"平屋顶不适合这里，"马滕森说，"我们永远不会取得建筑许可。我们的任务是在传统框架下解读当地的建筑，然后得出新鲜有趣的创意。"

"我们喜欢赋予建筑历史以新的意义，"泰森说，"我们为什么要把自己局限在现代化的元素中呢？"K屋说的是当地语言，虽然略带一种异国的、21世纪的口音。它和周围的房屋拥有共同的元素：斜屋顶、一排排的带着百叶窗的水平窗户、悬空的走廊、阳台和石筑的花园院墙。它完全符合当地的城市区划法，尺寸尽量缩小。泰森甚至称之为"塔一样的结构"。周围的邻居要求这栋房子不能遮挡他们看到霍亨蒂宾根城堡的视线，它也做到了。这也是这个房子看起来不对称、有着怪异角度的原因。最后，它为其客户——马滕森的姐姐一家人提供了他们需要的被动式节能屋，同时为4个孩子每人提供一个卧室。

尽管，可能是因为有着各种限制条件的存在，K屋也不是一个平淡无奇的建筑，这一点从建筑设计事务所花了几个月的时间获得建筑许可就可以看出来。"那些[官员]不喜欢这个设计，"泰森说，"但他们最后还是通过了，因为它满足所有限制条件。"

斜屋顶就是起点。这是图宾根唯一的屋顶样式，而且设计师们也很愿意用这样的屋顶，让它抢了整个房子的风头。他们用了薄膜屋面的颜色——蓝灰色漆涂了整个房子，因为这样看上去更有趣。这种单一的色调让人不易分清屋顶和房屋其他部分的交界点，使得整个房子显得浑然一体。

"现代建筑忽略了斜屋顶，但它是有很大的设计潜力的。"泰森说，"对K屋来说，我们对交界处赋予了新的设计。这是受时尚界的结构法启发而想到的。就像有贴缝的雨衣。我们称之为衬线屋顶，这是与没有衬线的字体相对应的。因为它有3D效果。它是可读的。这是因为我们运用了时尚、历史和建筑等多种元素来找到最终的设计方案。"屋顶的主线条的角度是70°，这和这个设计的其他一些装饰性元素相呼应。包括百叶窗上的菱形图案和取代楼梯栏杆的纵横交错的绳索。

一个明显的不对称元素是令人眼花缭乱的另一个方面。当你走在房屋外面时，感觉房屋的每个面都在扭曲、折叠。这个房子南面的面积较大，因此获得的阳光更多。地板距离地面有一点距离，悬空的原因是要安装一个地热交换系统，先加热地面下246英尺的管道，这样才能把热量送到房间里，保证房间内全年的温度在66~68华氏度。这种较高的结构能够保证热量源源不断地进入各个房间，让楼上的起居室保持舒适的温度。由于一楼的瓶颈效应，因此可以把冷空气阻隔在外。

03-05 这个房子主要的室内空间由136种预制实木板建造而成，显得宽敞明亮。

这个房子由136种预制构件建造而成，其中大部分材料是来自芬兰林业的木材。泰森称之为"个性化大规模定制"。"我们发出数控数据，他们准备组件，包括细木工活的（V字形的）槽口、螺丝孔、安装电路的沟槽。当地的建筑承包商组装这些组件。一般来说，需要用石膏板来遮盖木料，但是我们很喜欢这些预制件营造出来的氛围，因此在房间的公共区域我们就让它们露在外面。我们将这些表面用砂纸磨光，然后用碱液和香皂水涂层，从而保护这种淡色。"地板的原材料主要是黑林山的木材，用同样方式处理。单调的材料和色调在这个1485平方英尺（138平方米）的房子里营造出了一种空灵的感觉。

设计师还充分发挥想象力，让K屋可以分割成两个独立的公寓，这样以后家庭成员多了也能住得开。马滕森说，"很明显，当孩子们长大之后离开家，这个房子就会显得空荡荡的。"建筑设计师在房子后面布置了一个外部的楼梯，把那里作为独立入口，也可以从那里进入未来的独立公寓。

K屋（这个名字源自房子外面的街道名：查丁士-克纳-施特拉贝）是这些年轻设计师的第一个合作项目。泰森和马滕森是在科隆的b&k+公司工作的时候认识的。马滕森在亚琛长大，因此设计K屋时，他需要一个距离图宾根较近的合作伙伴：让·泰森和索尼娅·纳格尔的家在斯图加特，距离项目地点只有19英里。这也是让·泰森和索尼娅·纳格尔的第一个建筑项目（他们的公司主要做展会设计）。这个建筑凝聚了新鲜感和泰森的批判性观点。他说，"在德国，人们对建筑漠不关心；社会公众似乎对这个主题不感兴趣。但作为年轻的德国建筑设计师，我们希望改变这种局面。"

+1

+3

01 前院
02 户外厨房（带水槽）
03 一号门
04 厨房/餐厅
05 阳台
06 休息区
07 微型办公室
08 卧室
09 浴室
10 二号门
11 多功能室
12 储藏间

 0

+2

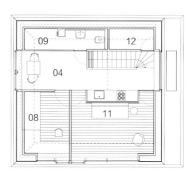

−1

纵剖面图

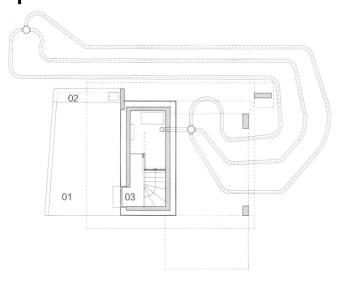
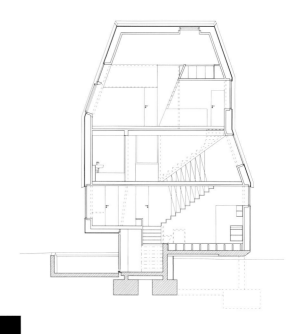

"我们喜欢赋予建筑历史以新的意义。我们为什么要把自己局限在现代化的元素中呢？"

2010　　ANUBT / 阿姆特建筑事务所　　德国图宾根

关 闭

文：彼得·戴克斯
图：彼得·本内茨

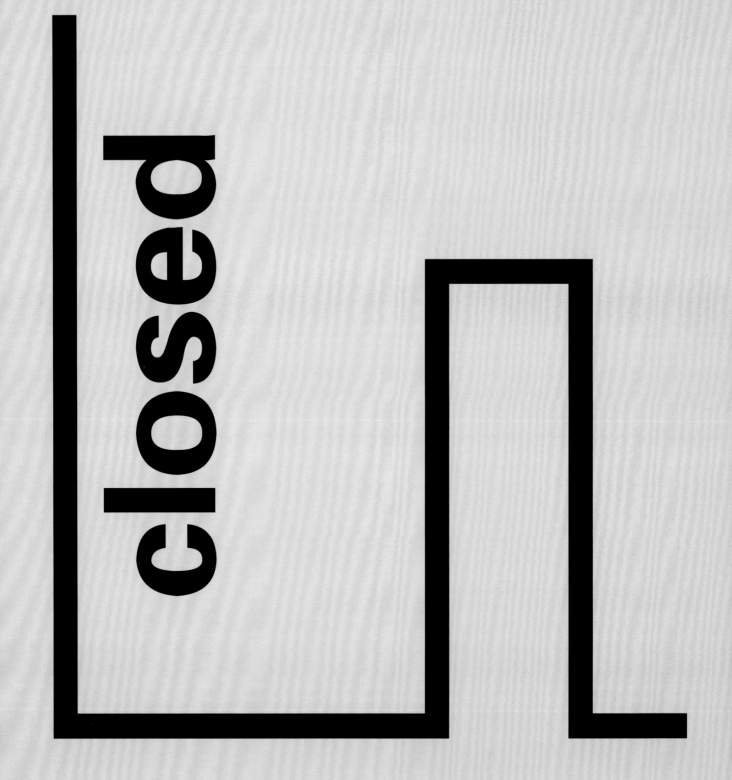

2011　MUIR MENDES / 缪尔·曼德斯建筑事务所　澳大利亚墨尔本

缪尔曼德斯建筑事务所在改造一处建筑时，在保留原有尺寸的基础上改变了所有其他属性，最终将其塑造成了一栋典雅有格调的建筑。

01 板钢外墙让人看不出这栋房子有两层。

02-03 因为这个建筑三面都有邻居，因此建筑设计师决定采用全长度的天窗，让阳光倾泻进来，同时透过天窗还可以看见外面的那棵棕榈树。

在澳大利亚墨尔本的一条窄街上，有一栋房子夹在两个雷同的建筑之间。它的外观非常普通。行人的目光从它左边单调的红砖房划过落到右边的木制房屋，甚至都不会在它上面停留。这栋房子属于布鲁诺·曼德斯和艾米·缪尔，也是他们俩亲自设计和建造的。他们利用周末时间来做这项工作，花了5年时间才把它建好。之前，这个地方矗立着一栋19世纪末的工人住宅。这栋新房子的建造结构和样式都反映着这个地方的历史。

"这个住宅被白蚁啃噬过，因此我们不能在原有的住宅上做改变。我们需要关注更多的是留住对原有建筑的记忆。"缪尔说，"一层天花板的样式是按照原有建筑的屋顶设计的，也就是单坡屋顶的模式。建筑正面的门、窗等都是按照原有建筑的尺寸比例设计的，但是没有任何装饰。"原有建筑唯一被保留下来的就是后院的棕榈树。住宅的正面距离街道很远，房子的后部是敞开式的，背景相得益彰。"棕榈树与前门和门廊在一条线上，确定了最初的设计方案的一个亮点，那就是走进房子之前能看到树的全貌。"

缪尔和曼德斯是带着很认真的态度去完成这个项目的。他们运用一切可能的材料、建筑方法和技巧，甚至拉上曼德斯的父亲——一个钢铁工人来做包覆钢。"用自己的双手来建造是这个项目的设计方案的重要部分。"缪尔说，"设计的细节取决于我们能怎样去建这个房子。在澳大利亚建筑行业，建筑的工艺被视为一种商品，而不是严肃的事，这一点让我们很懊恼。"

03

+1

01 入口
02 卧室
03 浴室
04 厨房
05 起居室
06 空

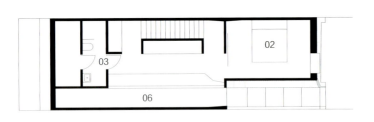

0

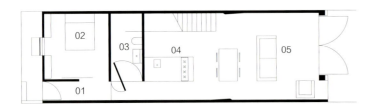

纵剖面图

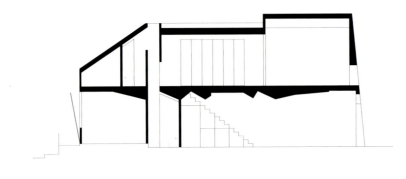

04-05 房子的所有房间都有自然光，从而大幅降低了所需能源。

06 内部的物件——如连接一楼和二楼的楼梯——采用了钢材，这样从正面就可以清晰地看到。

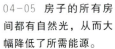

足 迹

文：卡特利杰·努伊辛克
图：茂布世

footprint

2011　　FUSE ATELIER / 布世建筑事务所　　日本我孙子市

东京布世建筑事务所将一个问题重重的建筑场地改造成一个亮点，创造出一个混凝土结构，上端有一个类似漏斗的开口，可以让阳光照射进来。

01-02 设计师运用自身优势，利用建筑工地较软的地面设计了超小的足迹。

03-05 房屋内部的空间大部分是开放的，但勾画出了不同高度的分区，这样白天的时候，阳光可以以一种独特的方式进入整个空间。

这栋房屋是日本建筑设计师茂布世为千叶县我孙子市的一个地块设计的房屋。两个巨大的凸出的模块使这栋房屋变得更生动。这种设计是基于房屋建设选址的技术性限制条件。"这块地很软，因此下桩打地基很困难。"建筑设计师说，"为了降低建筑成本，我们将这个足迹尽量缩到最小，这样打地基的材料也可以降到最低。因此，上部的结构是经过合理计算应力传导的结果，它的外观像个悬臂。"最后的结果是一体化混凝土结构，其倾斜的外墙和屋顶使得内部空间形成特殊的走廊。

自然光从3个开口处倾泻而下，在倾斜的墙面上反射、散开。每片斑驳的光影都形成了独特的意境，突出住户收集的每件家具。不同高度的差异形成了不同的区域，因此完全没有必要设内墙。"内部空间看起来既分隔也是相互联系的，"菲斯说，"不同光影的变化让住户对空间更有创意，同时也让住户住得更舒服。"

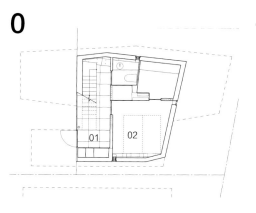

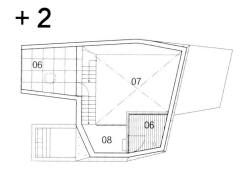

纵剖面图　　　横剖面图

01　入口
02　卧室
03　浴室
04　厨房
05　起居室
06　屋顶露台
07　空
08　中层楼

开 放

文：亚瑟·沃特曼
图：马塞尔·范·德尔·博格

open

2011　　DICK VAN GAMEREN ARCHITECTEN / 迪克·范·加梅伦建筑事务所　　荷兰纳尔登　　86

迪克·范·加梅伦带领精英团队通过运用一些可持续发展技术和充足的自然光来重塑伸展式别墅。

01 通过绿色能源割草机机器人来修整草坪（这常常与喜欢在房子周围池塘筑巢的鸭和鹅出现冲突）。

02 从房屋主走廊边看到的视角。

03 小路通往入口，露台使用机械抛光的混凝土浇筑表面，很自然地与室内融合。

　　直到2002年，建筑设计师迪克·范·加梅伦一直生活在他自己设计建造的位于阿姆斯特丹婆罗洲一端的公寓里。当家庭成员增加、他换房子之后，他把这栋公寓卖给了一个自主创业的年轻企业家，但没想到他是种了一颗梦想的种子，几年之后，梦想发芽。这个企业家非常喜欢这栋房子，当他在2008年想换个大房子时，他请范·加梅伦为他设计了一个别墅。他的生意——房地产投资做得很好，因此有足够的资金在荷兰最美、地价最昂贵的金理建一栋大别墅。金理在阿姆斯特丹东边12英里。

　　这个客户以前曾经买下一块叫作"建筑用地"的地产，那时那里有一个1967年的单层小屋。这个小屋已经扩建了两次。很明显，对购买这块地的人来说，拆掉这个房屋是第二步。然而，这个客户更愿意考虑其他的可能性，他不断考虑可持续性——那是坐在他的游艇上环游世界时被遗落的任务。这也是这个设计的每一个方面的先决条件。尽管从一方面来说他可以接受人们对他的所谓可持续性的讥讽，同时又建一个超过5400平方英尺（约500平方米）的别墅，而里面只住一对夫妻和3个很小的孩子。宽大的玻璃窗从德国东部进口。他的立场很实际也很清晰：可能的情况下，应该选择可持续性解决方案。仅此而已。

　　范·加梅伦决定不移除原来的单层房屋，但是用极端激进的方式来重新改造它：由于原有建筑的结构条件很差，因此只保留了地基。拆除部分产生的碎渣作为新建筑的地基的一部分。最后，这个建筑还是延续了20世纪60年代荷兰建筑标志性的六边形结构。但是这个建筑看起来很现代。它有整齐的白墙和宽大的玻璃表面，就像个艺术展览馆。建筑内部的设计又加深了这种感觉。尽管住宅的规模不太可能造成建筑上的问题，设计团队还是与一个专业的室内建筑设计事务所IDing合作。IDing在所有公共区域使用了混凝土地面，卧室铺了竹地板，起居室有LED灯，厨房有高效能木材燃烧炉，家具是知名设计师设计的，窗帘有着羊毛质感。

04 起居室连通谈心隅视野开阔,能够看到周围的所有景致。

05 这栋房子有一个位于中心的宽阔的起居厅,起居室与房屋的其他四个部分相连。

> 范·加梅伦决定不移除原来的单层房屋,但是用极端激进的方式来重新改造它。

设计师团队进一步扩大:又增加了景观建筑师米歇尔·范·格塞尔,原因是客户的需求之一是最有效地利用这个区域。原有的建筑看起来很封闭。另外,花园里生长着各种灌木,显得杂乱无章。房子旁边的小河岸边,几棵树遮挡了对周围漂亮景观的视线。范·加梅伦用玻璃装饰了新房屋的正面外墙。范·格塞尔清理了花园。河边的树被移到了花园的另一边(或者变成了木材燃烧炉的燃料),那些灌木被移到了街面的斜坡上。其效果是很明显的:街面的一边形成了一道浓密的绿色屏障,而溪流旁边的视野被打开了。这栋房屋的建筑品质取决于如何利用开放性。

房屋内有一个宽敞的中央走廊,一个"起居厅",现在它变成了孩子们的足球场。这个走廊外部的玻璃表面营造了一种绵延不断、一直深入花园的感觉。从这个走廊可以望见两边的紫叶欧洲山毛榉林。走廊上方有3个巨大的天窗——它们的存在印证了选择具有教堂设计经验的设计师的原因。

房屋的第二大特点是起居室。这是一个绵长的玻璃屋,里面只有一个谈话隅。这里可以容纳12个人。外墙距离起居室的距离适中,似乎可以变得更远,也可以变得更近。这意味着这个房间的边界不是玻璃墙的位置,而是更远,在外面树木扎根的地方。

"可能的情况下，
必须适应可持续解决方案。
仅此而已。"

纵剖面图

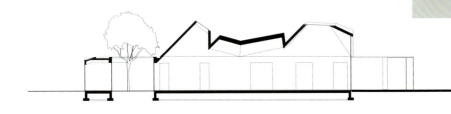

平面图

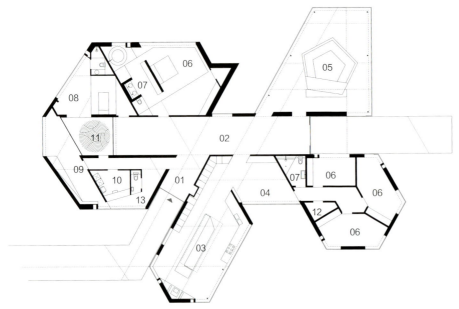

06 这栋房屋的很多天窗由巨大的玻璃组成，这样可以降低能耗。

07 厨房空间很大，可以容纳很多人，上面有个天窗，可以自动开关。

01 入口大厅
02 走廊
03 厨房
04 游戏室
05 起居室
06 卧室
07 浴室
08 会客厅
09 办公室
10 洗衣房
11 露台
12 技术区
13 衣帽间

透明空间

文：卡特利杰·努伊杰辛克
图：伊旺·巴恩

transparent

利用精细工程和敏锐的想象力，藤元添建筑设计事务所巧妙地为一个家庭创造出了兼具自由流动和透明两大特色的"仙境"。

建筑师

01-02 这个建筑中的各种造型看似彼此分离，但它们几乎都是以开放的形式连接在一起的，在不同层次创造出了流动的美感。

NA屋有很多玻璃，没有内墙，还有很多楼梯。你认为决定它是一个舒适空间的关键因素是什么？

藤元添：不同比例尺的共存——一种小而惬意，一种大而宽敞。这个房屋由一系列小地面组成，而这些空间事实上是没有内墙阻隔的连续的空间。每个小地面似乎都向宽阔的内部空间伸展。它给人感觉很舒适，但又不像那些由内墙分割的房屋那样给人一种禁闭压抑的感觉。这个房屋就是一个开放性空间，它当然也有厨房、浴室、餐厅。但是住户可以自由选择活动的空间，比如在哪里坐或阅读。这栋房屋给生活带来无穷变化。

我仍然很关心住户的舒适度。这对夫妻以后会有孩子，孩子长大一点儿之后上下攀爬这些楼梯是否会给他们带来麻烦呢？

我们也很关心这些事。我们在东京设计H屋时，我们的客户也很担心这些。他们说墙上和地板上出现的那些孔洞可能会给他们的小孩带来麻烦。但是他们通过在这些孔洞里填塞网状物来解决这个问题。也是这些小物件让一栋房屋看起来更像东京的典型房屋。在NA屋，我们也可以用类似的解决方案。我们可以在不同的层面散开放一些书、衣物之类。这对我来说很简单。这是他们的生活，有必要过得与众不同。如果他们有一个孩子，然后在需要的地方放一些网状物，那就是他们新生活的标志。NA屋有一个开放体系，可以带来不同的变化。

如果现在的住户把这个房屋卖了，新的家庭搬进来，你认为会发生什么呢？

我认为现在的家庭会在这里住很长时间。从现在起40年，那时候他们就80多岁了。到时候他们也许会把它卖掉。我希望新住户（到那个时候比现在的客户更年轻一点儿）是因为真正欣赏这栋房屋而买下它。

你为什么要这么坚决地设计新式房屋？

我好奇心很重，希望用不同的方式来对待每一天。我对像勒·柯布西耶这样的现代先锋派建筑设计师所设计的作品深深着迷。而他们的创意也来自好奇心——也就是发现新事物的迫切需求。他们的强烈想法有巨大的潜力。这也是我个人对历史性建筑的诠释。我喜欢提出原创的想法，但与此同时我不愿意强迫别人接受或遵循我的想法。我只是想提出一种可能性，让人们意识到我的建议的潜力。

工程师

03-04 薄框架房屋是可行的，因为工程师对钢结构的焊接很关注。

05-07 这间房屋用了21个不同的地板平面。它们有不同的用途。水暖、供热通风与空气调节设施都隐藏在房屋的后部。

作为结构工程师，您对藤元添的建筑概念有什么贡献呢？

左藤淳：我刚参与这个项目时，得知藤元想用玻璃墙来分割不同的房间。但是，和往常一样，他没有仔细考虑这个结构的形状。藤元设计的NA屋的初稿是很多薄构件组成的一个框架，尽管那个时候他还在考虑换成厚构件会是什么样的效果。

您在设计阶段给出了什么建议呢？

我们合作时，一般我们会探讨组成建筑框架的材料和样式，同时也会关注建筑的特色和外观。在这个案例中，我们主要探讨了钢材和木材两种材质选择哪一种。对梁柱结构的建筑来说，钢材更合适，因为这样建筑构件可以做到很薄。这样玻璃墙的透明度就会更好。木构架的一个好处是质轻，能更好地抵御下沉。作为"暖"材料，用木材可以更好地调节室内温度。木材的缺点是需要搭建很多梁柱，来抵御地震。最后，我们还是选择了钢材，因为钢材可以实现不同高度的小空间。

这个结构在2011年特大地震袭击日本之前建成，事实证明它并没有受到地震影响。您的秘诀是什么？

我喜欢搭建所谓的"软"框架或者说灵活的框架，这种框架可以通过变形来吸收地震产生的能量。如果我的目标是搭建灵活结构，那么我需要提出符合建筑学、结构合理的特殊设计方案。在这个案例中，我们把这个框架分割成很多小空间，因此产生了很多不同高度的空间。最后我用最少的支撑梁建造了极其强劲、坚固的框架。如果我用更多的支撑梁，那么建筑学的概念就丧失了。

您能描述一下您是如何建造出这样一个轻盈的建筑的吗？

这种框架的一个独特的特点是我们用脱氧钢搭建了柱和梁。如果要用厚构件，那么必须是中空的。NA屋的柱截面只有2.16英寸×2.15英寸，而梁的截面只有1.25英寸×2.55英寸。另一个有趣的地方是各种梁和柱的连接件看起来很简单，因为我们用的是全断面焊接。在钢结构框架中，焊接是很重要的。如果我不认识那些优秀的专业焊接师，我也不会推荐这种建筑结构。

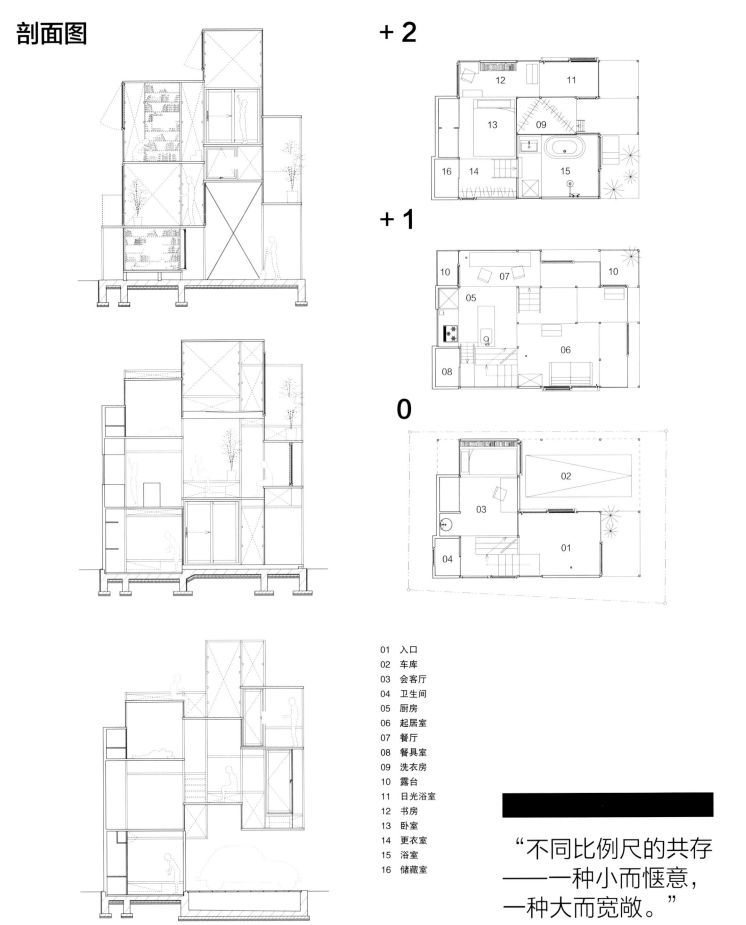

"不同比例尺的共存
——一种小而惬意，
一种大而宽敞。"

双子建筑

文：弗洛里安·海梅耶
图：维托·斯塔隆

double

2011　　L3P ARCHITECTS / 雷根斯堡建筑事务所　　瑞士奥博文宁根

雷根斯堡建筑事务所设计的双子建筑创造性地实现了可以在一天之内变换的创新性外观。

01 这两栋房屋的人字形屋顶远远看去微微闪光。

02-03 这两栋房屋通过适当的倾斜角度,来最大化地利用局促的空间。

奥博文宁根是瑞士的一个小村庄:倾斜的山坡上散布着为数不多的建筑。珐顿朱拉山脉的小山丘上景致很美。珐顿朱拉山脉的小山丘基本上遍布瑞士各地。乍看上去,奥博文宁根和周边的小镇没什么区别。这个村庄到处都是那些白灰泥墙和人字形屋顶的房屋。这个村庄并没有因为现代建筑而知名。至少到现在为止是这样。

从火车站到雷根斯堡建筑事务所设计的双子房屋有10分钟路程。两栋房屋离得很近,就像小山丘上的两个悬崖。"远远看去,它们与周围环境融合在一起。"雷根斯堡建筑事务所的合伙人鲍里斯·艾格里说,"看上去不像房屋,更像岩层。"也许确实是这样,但这两栋房屋着实激发了人们的好奇心。"我们的作品总能激起强烈的情感,"艾格里说,"有时是积极的,有时是消极的,没有中立的评价。"

他的观点可以理解。对建筑设计师来说,这两栋房屋的人字形屋顶远远看去微微闪光。这个项目是雷根斯堡建筑事务所和这块土地的所有者弗雷迪·杜特韦勒一起完成的。弗雷迪·杜特韦勒只想建点儿特别的建筑。因为这两栋房屋建好之后就要卖掉,因此设计师有足够的自由来进行设计。

"我们按照一定逻辑设计并建造了这两栋建筑,"艾格里说,"开始绘图时,我们发现这块地一栋房屋太大了,但是建两个独立的房屋又不够大。"如果建一对半分离的房屋,那么其中一栋要完全在东面,一栋在西面。为了实现均衡,建筑事务所设计了两个建筑。"两栋建筑都可以在白天和傍晚享受光照。"他们把单一的结构体分成了两半,两者交互式地转换,两者之间通过一个水池分割。

这个建筑事务所像雕刻家一样雕琢这两栋房屋。丰富的对角边缘和精心设计的角度让阳光倾泻进两栋房屋。透过巨大的全景窗,可以望见文泰尔小镇的景致。这里的建筑不是很密集。"我们把它们设计成连体双胞胎的样子,"艾格里说,"它们不完全一样,但非常类似。除了不同的方向,它们大小一样,外观也大致相同。第一个买家很难选择到底买哪个,我们就知道它们实在是太像了。对我们来说,尽管这两个房屋有不同的地方,但相同的是它们品质都很好。"

乍看上去,建筑的外观就像是彩色混凝土浇筑的。这种假设很合理,尤其在瑞士。但建筑的外表面实际上是镀锌钢。"我们的第一想法也是混凝土,"艾格里说,"但是这样表面就显得太平坦,而屋顶太复杂。对这种不同寻常的样式,我们需要一种更野性、更富于变化的效果——一种可以因年久而产生特殊光泽、在白天可以出现不同变化的材料。"最开始时,我们不相信钢材是最优选择:我们认为钢材会产生分区块的效果。在以1:1的比例进行形象化设计之后,我们意识到最小的接缝可以营造一种连贯的表面。这种材料会不可避免地让人感觉是混凝土材料,这种效果是设计师所寻求的。

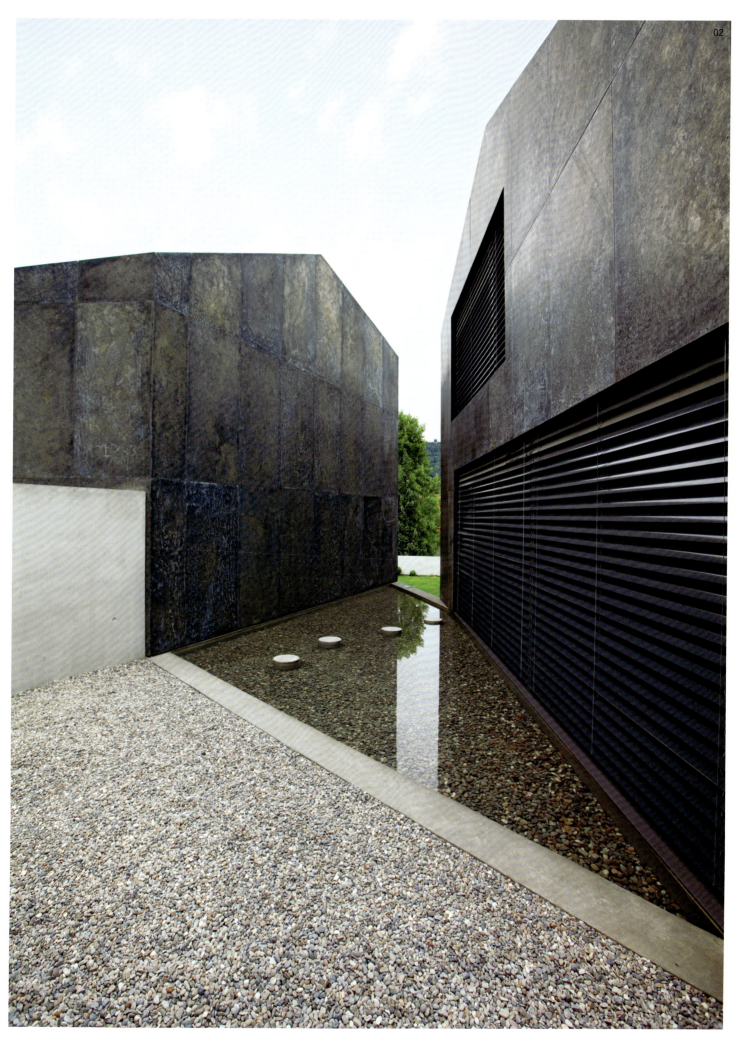

颜色将继续变化,但没有人知道如何变化、何时变化。

04 浴室家具延续了整个住宅多角的样式。

05 定制橱柜将起居室与交通空间分隔开来。

06 厨房和楼梯占据了一个大空间。

这家建筑事务所与瑞士金属艺术家托马斯·松德雷格共同完成了建筑外表面的设计。建筑事务所在一个展会上发现他的展品之后,就开始寻求与他合作。松德雷格工作室对建筑外表面进行了测试。这位艺术家花费了多年时间反复试验,尝试过多次失败,才最终完善了对镀锌钢表面的化学处理。他喜欢逐一确认每个细节。艾格里爆料称,"托马斯做了无数个样本,他每天在不同的光照条件下反复试验这些样本。我们第一时间对最终确认的这个多样化和可爱的材料充满了兴趣。"

的确,这个建筑外表面能够反射一天中不同时间、不同类型的光。它的颜色可以是米白、棕色、深灰甚至几乎是黑的。这种材质让人感觉很有深度,能够打散阳光。这种表面并不平滑,相反,很粗糙,比我们想象中的钢材要温暖。颜色将继续变化,但没有人知道如何变化、何时变化。之前没有这种先例,也无从预测。

不断变化的颜色和有趣的表面是对当地地理条件的另一种比照。这个山谷中充满了拉格伦山脉的小山丘、侏罗纪石灰岩构成的崎岖山脊。这种岩石刚切开时是米白色的,但经年累月就会变成黑灰色或者黑色。这可能是邻居们对这个项目很感兴趣的原因。"一般来说,在农村设计项目时,我们总是在获得许可方面遇到问题,我们必须不遗余力地去劝说他们接受。"艾格里说,"但在奥博文宁根,这个地方没有其他的现代化建筑,当地的官方让人意外地开放,甚至将我们的项目定位为吹向村庄的新鲜的风。我们也对这周围的邻居完全没有负面情绪而震惊。居住在这个山坡上的居民说,当他们看到山谷中的这两个屋顶时,他们会有一种感觉,那就是远古未开发的土地仍然在那里。"

+1

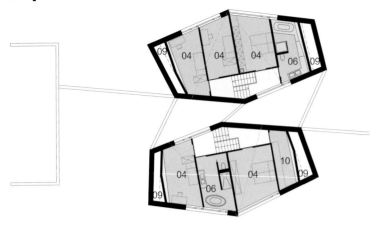

"我们的作品总是引起强烈的情绪。没有中立的意见。"

0

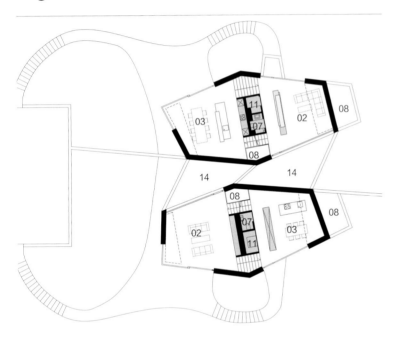

01 入口
02 起居室
03 餐厅/厨房
04 卧室
05 学习室
06 浴室
07 卫生间
08 空
09 天窗
10 化妆间
11 衣帽间
12 桑拿房
13 进光孔
14 池塘
15 储藏间
16 技术间
17 车库

−1

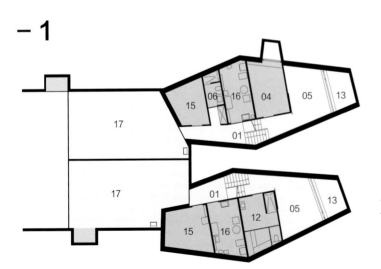

纵剖面图

树

文：西蒙·布什·金
图：菲利普·迪雅尔丹

对大自然的敬畏促使维尔德·文克·泰里欧建筑事务所围绕一棵巨大的沙滩树设计了一栋房屋。这种设计模糊了房屋内外的界限。

01-03 这个独栋住宅原来所在的区域有三棵巨大的树。建筑设计师没有把它们砍掉,而是围绕其中一棵树建了一栋房屋,模糊了外表面的内外界限。

04 这个房屋由巨大的、有分支的混凝土结构支撑,就像是这里的第四棵树。房屋内部的布局沿着这些分支结构进行。

比利时维尔德·文克·泰里欧建筑事务所通过对每个项目独特限制条件的解读为机会来打造各种工作模式。在伯恩海姆别克屋这个案例中,建筑设计事务所关于场地、预算和建筑规则进行了一些实用而又戏谑的考虑。这个独立式住宅将三棵80年树龄的沙滩树的"限制性"转化成了这个项目的独有特征。用建筑设计师乔·泰里欧的话说,"我们不能忽略沙滩。"

和周边基础梁不同,这个建筑的地基就像是树根,而且距离作为这个房屋一部分的沙滩树的树根很远。一个树形的混凝土桩柱从地基中心点升起,支撑住这个房子。这个混凝土桩柱支撑着轻量级而且绝缘性很好的外墙。外墙表面覆盖着一种在比利时常用来装饰新建房屋的板岩墙板。在伯恩海姆别克屋,使用这种材料似乎做了长久打算。外墙没有特意设计开口,但是故意留了一些区域没有贴外墙板。外墙一侧的木框架裸露在外。这个以树为中心的房屋的设计中,设计师利用相应的约束条件创造了有趣的内部空间。泰里欧提到,"空间的奢华与否与它的占地面积无关",并指出这栋房屋内部和外部的分割是逐渐形成的,但也是很明显的。这个项目也完美地诠释了"一叶障目不见泰山"是不可取的。

05-06 伯恩海姆别克屋很小,预算也很有限。设计师选用简单的有机材料来完成具有创意的混凝土支撑。

纵剖面图

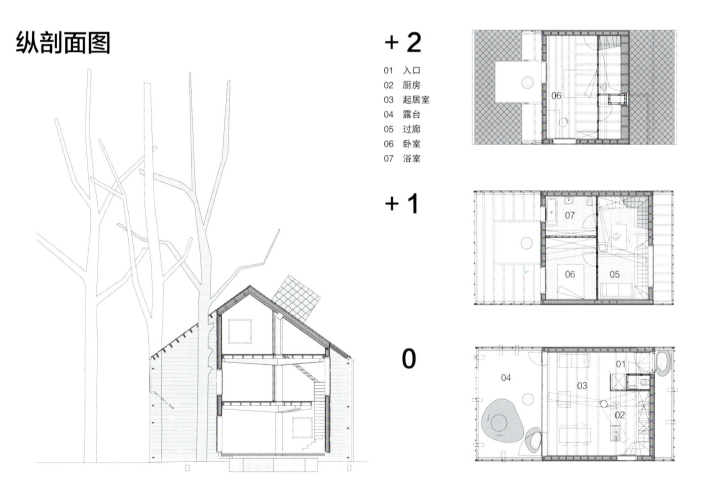

+2

01 入口
02 厨房
03 起居室
04 露台
05 过廊
06 卧室
07 浴室

+1

0

ARCHITENCTEN DE VYLDER VINCK TAILLIEU / 维尔德·文克·泰里欧建筑事务所　　比利时根特

井

文：卡特利杰·努伊杰辛克
图：弘上田

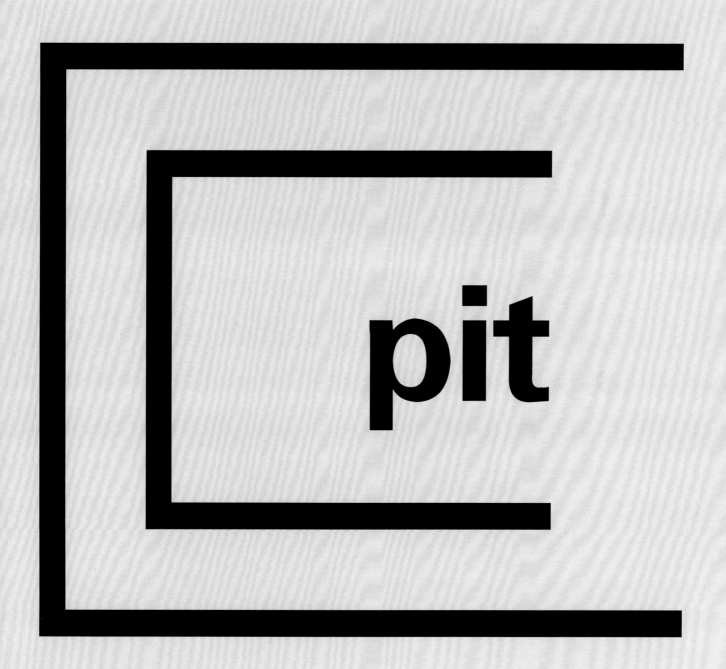

前田启介利用各种层次和有机材料,为一个有孩子的家庭量身打造了一栋能反映外部景观的房子。

01-03 从厨房、楼梯和起居室到下沉至地面的户外草坪,利用相互重叠的环形来塑造空间。

您塑造藏于地平面以下的房间是基于何种想法呢?

前田启介:这个房子的理念源自我们客户的诉求以及这个选址的条件。这里的住户是一对30多岁的夫妇,他们有两个孩子。他们过去居住在公司提供的公寓的高层楼。现在他们有能力住自己的房子了,他们需要一个更接地气的房子。

这个房子的选址是一个山坡,就像摆放日本玩偶的多层架子。我的客户想要一栋与周围景观良好相容的房子。我对这个要求的解读是一处与周围环境有着自然联系的住宅,等到他们日后与孩子们栽种花树、装点花园之后,也能够随着时间的推移与周围景致日益融合。最后的结果就是井屋。井屋有6个略微不同的层次。大部分层次都部分下沉入地面,以求在房间内部打造不同的视角。在一层楼随意地安置了几根细长的柱子,用来支撑一个漂浮的盒子样的结构。这个"盒子"既不完全属于室内,也不完全属于室外。这样就把房屋的建筑和外部的自然环境有机地结合到了一个相互关联的整体中了。

04-05 井屋的其中一面外墙由两面墙组成。这个外表面将整个建筑整合在一起。整栋建筑围绕一个混凝土中心建造,这个混凝土中心支撑着漂浮的盒式结构。

"这样就把房屋的建筑和外部的自然环境有机地结合到了一个相互关联的整体中了。"

横剖面图

0   +1

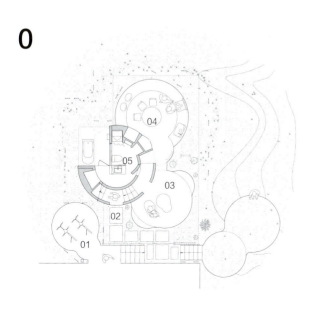

01 自行车存放处
02 入口
03 起居室
04 餐厅/厨房
05 浴室
06 主卧
07 儿童卧室
08 空

绿

文：卡特利杰·努伊杰辛克
图：伊旺·巴恩

green

在城市中一个拥挤的空间，西泽隆荣建造了一个小巧的、充满绿植的塔式结构建筑，这个建筑几乎每一层都是开放式的。

01-03 统一的混凝土板夹在不同楼层的充满绿植的开放空间之间，就像三明治一样。这栋5层楼的建筑是为两位商业伙伴打造的。

在东京市中心距离主干道不远的一个拥挤的小区域，西泽隆荣种下了新城市生活的种子。这位设计师曾经设计过诸如森山屋和A屋这种著名的住宅。他能够精心挖掘房间和花园之间的关系，并提出一系列新见解。这个设计作品也是学习非核心家庭的新城市生活方式的部分成果。不断变化的需求和对住宅多样化的向往，正在日益导致日本建筑设计师思考来自不同家庭的人共享一个生活空间的概念。

西泽隆荣就是其中的一位，他说，"我认为这栋房屋不是普通的住宅，而是一种寝室。"他把自己设计的这个700平方英尺（65平方米）的建筑称为花园&房屋。这是为两位女性合伙人设计的。他说，"我认为，她们生活和利用这栋建筑的方式非常现代。"他觉得把这个项目硬套进任何现有的典型模式都太过牵强。

这个选址挤在高大的写字楼和公寓楼之间，基本上得不到阳光，因此西泽隆荣提议建造一栋4层楼的房子，外面不用外墙。通过将280平方英尺的混凝土楼板平行建造，他创造了一栋内部和外部紧密相连的建筑。在思考这个理念时，这位设计师就决定每一层设计一个花园、一个房间，这样住户就可以很轻松地把室内生活和室外生活结合在一起。

当我来到这栋房子、想看看他的成果时，这两位女士很高兴地带我到处转。西泽隆荣的客户说，"在东京，所谓的便利生活就是你所需要的一切都在你家几步远的范围内。"这位女士买下这块地，然后请设计师来建造了这栋房子。这座城市的温和气候和狭窄的、充斥着低矮建筑的街道网使得步行成为最便利的通行方式。对西泽隆荣来说，"东京所缺失的就是公共空间的绿意，这也是我把这栋房子设计成一个花园的原因。"

在搬到这栋房子之前，两位女士在东京郊外的阿佐谷居住并工作在一起。那栋房子太老太旧，寒冷而且没有阳光。因此他们决定在东京市中心换个住处。

在走了市中心的几个地方之后，西泽隆荣的客户选择了东京的一个典型地脚。这一点从大小和不舒适的程度就可以看出来。这里空间狭小、缺乏自然光照，几乎让设计师放弃了这个项目。但他的客户已下定决心选择这个地方。"我喜欢水，"她说，"我希望每天都能看到河流的景致。"由于这栋房子后面的高大建筑有一个低矮的存储空间，她可以从自己房子的最高层看到对面的河流。

考虑到他的客户的现代都市生活方式，西泽隆荣设计了一个由混凝土板为主要元素、没有外墙的建筑，这样能最大限度地接受自然光照。他的设计反映了客户最初的需求。这栋房子最主要的要素是客户定制的旋转楼梯。楼梯的踏板有27英寸宽。这个楼梯连接房屋的每一层。在爬楼梯的过程中，我们的视线穿过邻居的公寓，进入一楼的小卧室，那里的定制床能够保证住户睡着的时候不会意外跌进开放的楼梯。卧室旁边的阳台花园是开放空间，很适合商务会谈。黎明时分，一片窗帘将喧嚣隔绝在外，将暖阳、清风送入室内，同时激发人们的好奇之心。再向上一层，楼梯穿过最为茂密的植物。二层有一个浴室，一个户外洗衣房，一个混凝土长椅。客户说，"这是洗完热水澡之后享受一杯啤酒的最好去处。"她的卧室在最顶层。

03

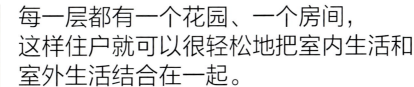

每一层都有一个花园、一个房间，这样住户就可以很轻松地把室内生活和室外生活结合在一起。

04-05 一个以玻璃墙环绕的楼梯井使得阳光穿过建筑，进入每一层的生活空间。由于这个选址实在太局促了，这栋建筑的几乎每个功能性空间都在楼梯附近。

06 楼顶的孔洞使得阳光从楼顶的楼台进入最高层的户外空间。在不同楼层都有窗帘，起到保护隐私和遮光的作用。

这个设计进行了6年。6年中经历了无数次修改。西泽隆荣改变了很多小细节，但幅度最大的改变是设计这个项目的结构原则。这个小建筑的空间要足够小，但是还要足够坚固，以抵御地震的冲击。最开始的时候，结构工程师艾伦·波登将西泽隆荣的漂浮式地面理解为由极薄的钢柱和一个结构性钢芯组成的结构环绕整个楼梯。"因为钢芯太坚硬了，"项目建筑师妙木中坪向我们介绍为什么拥有抗震经验的人最后摈弃了这种想法，"因此我们选择了3个混凝土方柱，方柱的顶端最薄，底端最厚。它们把每一层分割成不同空间。这样就无需坚固的内外墙了。"

尽管这个房屋对路人来说可能很不同寻常，住户在内部空间的生活还是与典型的东京人生活别无二致。坐在小柯布西耶真皮沙发上，我可以看见整个一楼：一个紧凑的多合一布局，里面包含入口、用餐区、厨房、书房和图书室。这两位女士确认没有正面外墙没关系。盆栽和印度沙丽制作的窗帘满足了她们对私密性的需要。"从外观来看，你无法区分这是一栋住宅、一个美术馆，还是一个饭店。"妙木中坪说，"这个建筑的功能可以轻松改变。"

+4

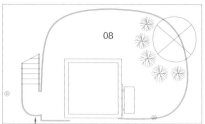

01	起居室
02	厨房
03	餐厅
04	租户卧室
05	阳台
06	浴室
07	主人卧室
08	屋顶露台

"这是洗完热水澡之后享受一杯啤酒的最好去处。"

+3

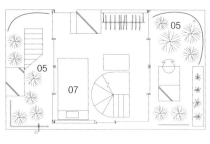

+2

纵剖面图   横剖面图

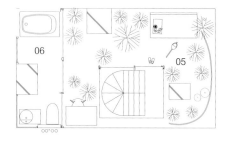

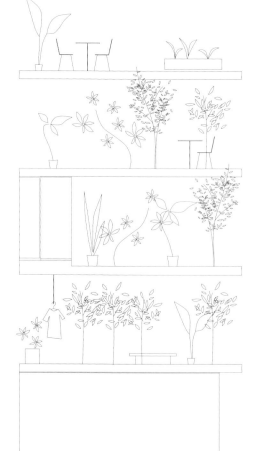

+1

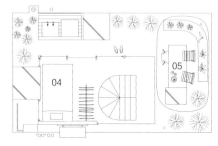

0

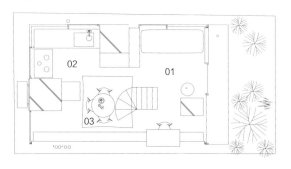

2011   RYUE NISHIZAWA / 西泽隆荣   日本东京   136

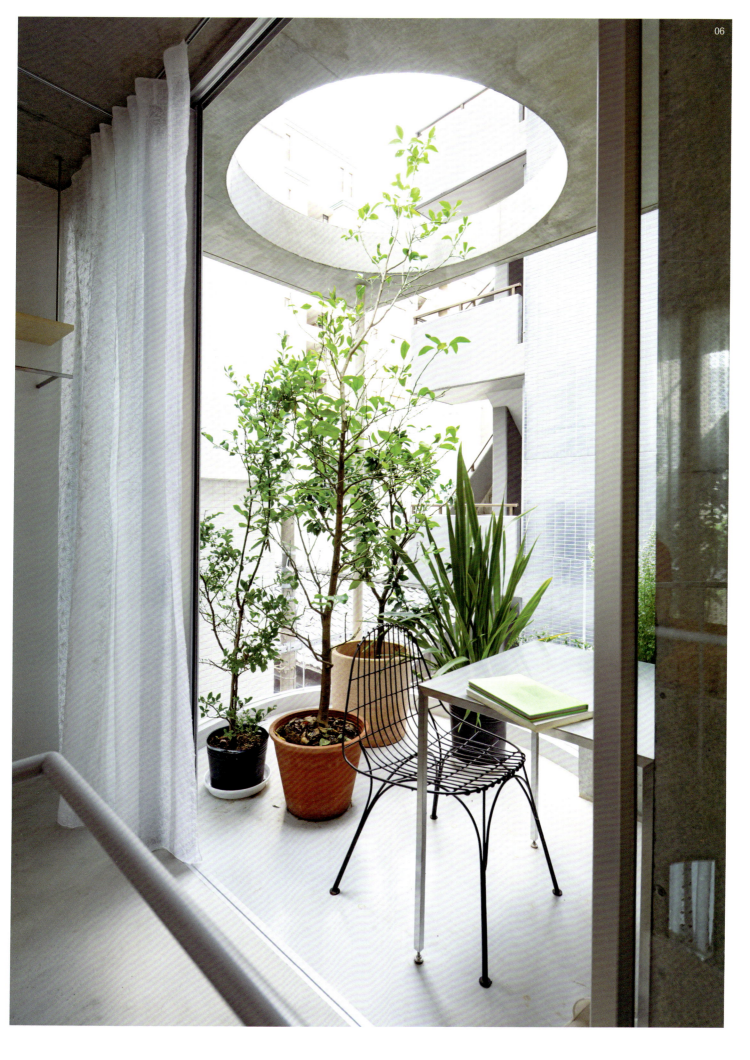

小 山

文：西蒙·布什·金
图：尼克·格兰丽兹

hill

2012　　ANDREW MAYNARD ARCHITECTS / 安德鲁·梅那德建筑事务所　　澳大利亚墨尔本

安德鲁·梅那德将澳大利亚一栋房屋的扩展部分重新构建成覆盖阿斯特罗特夫尼龙草皮的小山丘，在阳光下熠熠生辉。

01-03 沿着这处住宅的边缘有一个下沉式的、狭窄的走廊。这个走廊将主体建筑和延伸部分的小山丘连接在一起。这栋房屋前部的空间里有卧室（没有图片）。

过去10年中，安德鲁·梅那德在墨尔本塑造了一系列独特而又灵动的住宅。尽管有郊区住宅相关规定的诸多限制，他还是带着激情尽可能地完善每个项目。完成于2012年2月的山屋也不例外。在这里，梅那德精湛的手工艺从覆盖着阿斯特罗特夫尼龙草皮的小山丘上的具有强烈视觉冲击力的盒式结构就可见一斑。

为了最大限度地吸收阳光，建筑设计师摒弃了传统的"后花园延伸"的建筑理念，而选择了在现有结构的较远一侧建立延伸结构。他把那里作为一个庭院，也就是这栋住宅的核心。在庭院中，覆盖着阿斯特罗特夫尼龙草皮的小山丘既是一个滑稽的景观，也是沐浴阳光的好去处。一条长长的、3英尺宽的走廊将现有结构和小山丘连接在一起。由于建筑相关规定不允许在边界线的位置建造房屋，因此设计师把这条走廊下沉1.5英尺，把它称为"围墙"——一堵3英尺厚的围墙。这样，他就在地平面上延伸了6英尺。

这栋房屋的强度和质量因其小巧的规格而加强。尽管澳大利亚的人居住宅是目前世界上最大的，梅那德持着"把拥护小体积作为一种理念"的想法，全然不管他的想法"在这里是违背常规的"。他的客户意识到用现有的资源来完成一栋小房子可能比完成一栋大房子显得更有品质，因此他们同意了这个想法。梅那德说，"在山屋，我们要尝试一切可能。"尽管他对这份工作已经熟稔于心，他还是认真地对待每一个项目。这位建筑设计师承认，这是他第一次完成了一个简单设计而又层次丰富的房屋。

04-06 把庭院放在这个狭小空间的中部的目的是保证空间和阳光进入这个延伸结构，满足全年不同时间的保温和纳凉需求。小山丘本身包含一个起居室和厨房，悬空的盒式结构有一个主卧。

为了最大限度地吸收阳光，建筑设计师摈弃传统的"后花园延伸"的建筑理念，而选择了在现有结构的较远一侧建立延伸结构。

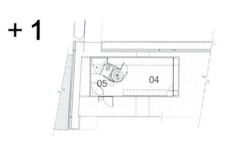

+1

0

01 入口
02 厨房
03 起居室
04 卧室
05 浴室

剖面图

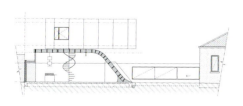

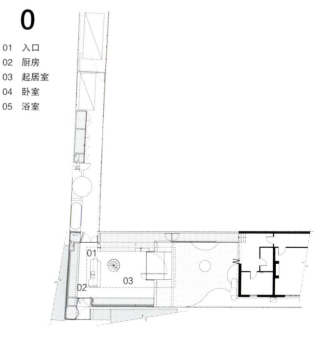

阿尔卑斯

文：莫妮卡·泽尔博尼
图：赫塔·胡尔纳斯

这是真正登峰造极的成就，普拉斯马工作室设计的这个两层楼的住宅塑造了与周围景致共生的关系。

01-03 在这个阿尔卑斯样式的用来出租的建筑中，建筑设计师把建筑顶部未被充分利用的阁楼和其他空间转换成了他自己的家。建筑的角形外观是木材打造的。

1999年在伦敦创立普拉斯马工作室之后，伊娃·卡斯特罗和霍尔格·克内在全球范围内设计并建造了一系列的建筑项目，包括意大利的多洛米蒂山建筑。这两位设计师和合作伙伴乌拉·海尔于2003年在这里开设了第二个工作室。他们于2009年在北京开设了第三个工作室。意大利的工作室位于塞斯托，那是博尔扎诺郊外的一个小山村。这几个选址的环境反差极大——从嘈杂的多民族的大都市到蒂罗尔南部的乡村田园，不一而足。这可看作是两种对比的挑战：城市和乡村。这种多元化选址的一个结果就是普拉斯马工作室清晰的格调。这几位建筑设计师在研究当地建筑时，在研究传统模式的同时也关注新的可能性。"普拉斯马这个词源自古典希腊语，"海尔说，"它的意思是形式、想象或者虚构。在物理学中，普拉斯马是带电粒子场，能够传送能量。"

能源流似乎是普拉斯马工作室最近的作品背后的一个核心思想，普拉斯马工作室刚刚完成了塞斯托市一家宾馆的翻新和扩展。这栋房屋建造于20世纪60年代，改造之后的阿尔卑斯式的建筑包含6个度假公寓。房顶新加了一个结构，底部与原有结构相接。这里面包括海尔的私人公寓。设计师用复杂的几何构造和当地的建筑材料来为这个建筑增添色彩，塑造出绵长的线条。海尔说，"这种折中主义的、看似不兼容的设计使得这个新结构成为了整栋建筑的亮点。"

这个设计大部分是海尔完成的。这栋建筑是她和她丈夫共有的。项目设计之初，3个合作伙伴坐下来进行头脑风暴。海尔还提到了彼得·皮兹勒。她说，"为了保证3个办公室的一致性，我们常常通过实地探讨或者通过Skype进行讨论。"她还提到了项目设计的一系列重要观点。除了为她的5个家庭成员组成的年轻家庭打造一个空间足够大的公寓，这栋建筑还需要提供将度假公寓和旁边的斯特拉塔酒店连接在一起的楼梯井。斯特拉塔酒店也是普拉斯马工作室设计的，用于出租。这个设计解决方案包含将这个建筑未被充分利用的阁楼改造成与一楼直接相连的跃层，方式是加入垂直的支撑物。屋顶呈流线型木质外观，和周围的地貌相呼应。

"在翻新这个公寓时，我们把外墙改成了和旁边的斯特拉塔酒店一样的样式。"海尔说，"受当地农舍的启发，我们用落叶松木条沿着两个方向贴覆。"第一个方向是沿着公寓所在的位置展开，遵循建筑旁边山丘的自然坡度，攀升到三层楼的阳台扶手上。其边缘沿着现有结构舒展，边角的地方自然露出。第二个方向从建筑后部的斜坡开始贴覆，在烟囱处环绕，塑造了一个略微变形的屋顶。她说，"这是对传统的阿尔卑斯斜屋顶的改良。"公寓入口在建筑的后部，外墙和落叶松木条之间的间隙形成了一个开放的起居空间。"在我们的公寓，所有生活空间都与外部的露台和草坪直接相连，这样我们每个人都可以选择合理的路径了。"

"这是对传统的阿尔卑斯斜屋顶的改良。"

04-05 这个公寓的形状表现了对传统阿尔卑斯斜屋顶的敬畏。这种形状还能满足不同的视角，以及与户外空间的衔接。

06 公寓内部所用的建材很有限，因此角形结构的空间被改造得更平缓，使得不同空间之间无缝对接。

设计团队利用参数建模软件来优化落叶松木条的间隙以及金属子结构。"这种方法帮助我们在预算和美学、视角和私密性之间实现平衡。"海尔说，"也使得设计阶段更灵活。"由于延伸结构坐落在陡峭的山坡上，因此地基用了加强型混凝土，而木条后面的墙采用了木质纤维，并包覆沥青实现绝缘。

内部结构从外面就可以看得一清二楚。人们在建筑外面可以清晰地看到木条贴覆的屋顶的不规则外观。主生活空间的外墙向内凹陷，这样住户在室内就可以看到群山的全景，同时得到足够的光照。内部分为两层，一楼是儿童卧室，二楼有一个开放式厨房、一个起居室和一个主卧。设计师用有限的建材和色彩来塑造不同空间无缝衔接的效果。在每个房间都有落地窗，保证住户对窗外四季变换的山景一览无余。自然光从有间隙的屋顶泻下，光影打在墙上和地面上，形成不规则的独特图案。最令人叹为观止的景象是大厅和楼梯上方的屋顶的玻璃天窗，住户可以透过它一睹天空和群山的绝妙景色。

"由于形状、材料和视觉参考的原因，新结构从3个层面与周围环境相融。"海尔说，"第一个是与原始建筑阿尔玛的联系，原始建筑和新结构共同形成了一个新的浑然一体的结构。第二是这个家庭的斯特拉塔酒店，新结构与斯特拉塔酒店共享了样式和材料。第三是延伸结构与周围环境的联系。我们的作品扮演的不是寄生虫的角色，而是从地底下冒出的木质地衣。"

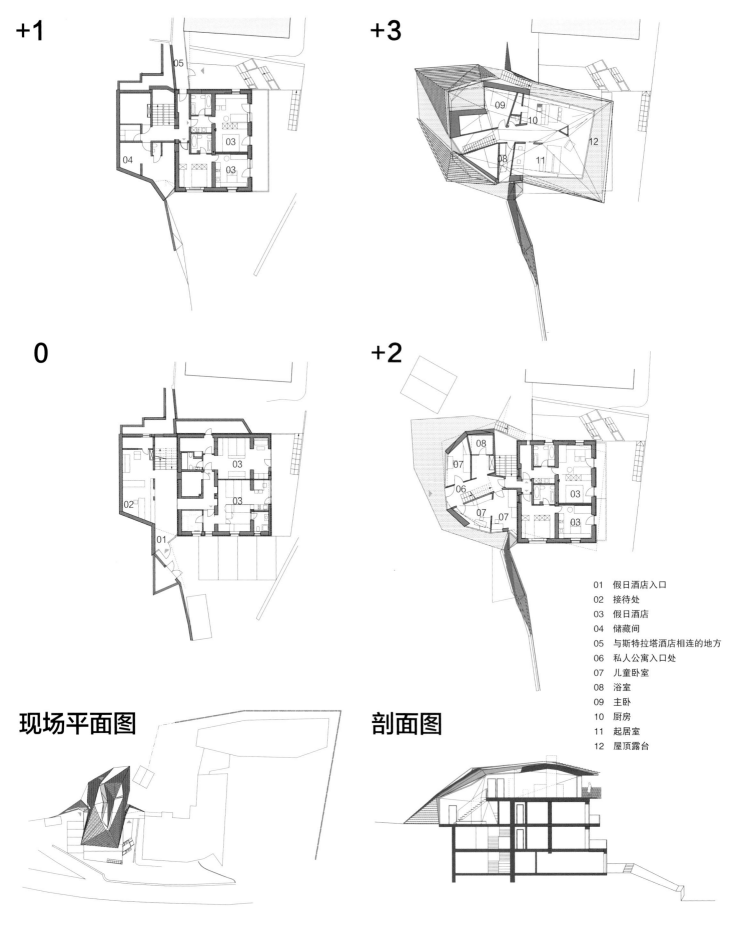

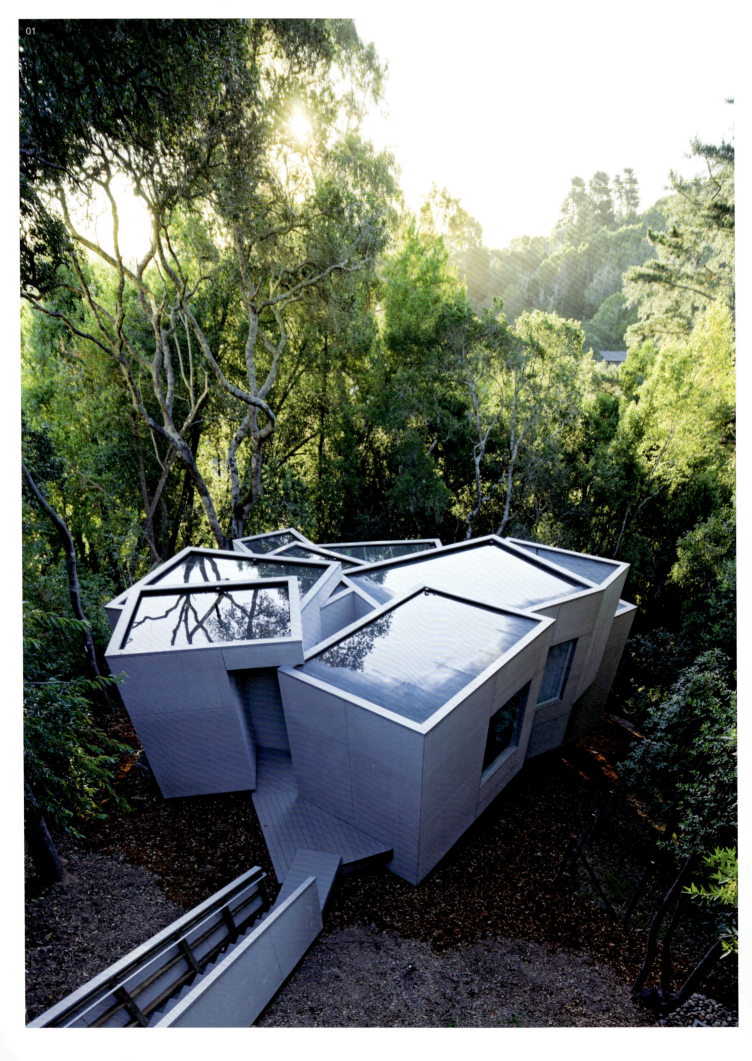

村 庄

文：卡蒂亚·特列维奇
图：伊旺·巴恩

village

2012 KOJI TSUTSUI & ASSOCIATES / 简居广司联合公司 美国米尔谷 155

简居广司通过一系列相互连通的空间的集合，创造出了21世纪的家居模式，也许有一天你会在附近的城市看到这种模式。

01-03 这个房屋不同寻常的形状是由于它没有走廊，高度上没有太大的起伏，因此也没有长楼梯或者护栏。

我坐出租车来到距离旧金山北方40分钟车程的加利福尼亚米尔谷的山林。我和出租车司机都伸长脖子去欣赏我们的目的地建筑——简居广司设计的这座占地1500平方英尺（约140平方米）的案例研究房屋，我甚至因为太过惊讶一度忘记交车费。简居广司在东京和加利福尼亚都有业务。这栋房屋外墙包覆了灰白色的纤维水泥板，外形就像一个缓慢移动进入下方陡坡的直线叶栅。从我们停车的地方，也就是这个房屋的上方，我们可以看见房屋的几何形屋顶。那是一系列很浅的矩形水池，可以收集雨水，人们可以在那里看到蓝天和绿树的倒影。在旧金山湾区的雨季，住户可以将屋顶收集的雨水储存到房屋下面的蓄水池，用来浇灌附近的土地。

简居广司在停车的平台迎接我，带着我参观了房屋。我们沿着像茧一样的屋外楼梯走过，走到前门的左侧。我也很喜欢沿坡而上的风景，虽然那里很滑，我尽力保持平衡。这里有很多橡树可以抓扶。简居广司告诉我，这个房屋做成这种形状部分原因是尽可能多地保证不影响周围树木的生长。"有时候，建筑会占用自然空间。"他说，"但是这个住宅的外观和位置几乎与周围的景色浑然一体。这意味着森林比房屋更重要。"

在我们说话的时候，4只鹿环绕这栋房子，又跑下山去。案例研究房屋的地基是薄钢柱，这样主结构就可以悬空于地面上，塑造出几个漂浮的立方体聚集在半空中，在不断旋转的过程中有种冻结的感觉。简居广司说，事实上，这栋房屋的设计理念源自每个方格都有不同视角的网格。他对这个"网格"中的每个方格的位置进行了调整，但是各个方格都相互联系。最后的结果是一个圆形结构，一系列围绕同一轴心的有机结合的结构，这种结构可以通过几个细节捕捉到全景画面。这栋房屋与周围的景物自然融合，毫不突兀，尽量成为自然景观中的一部分。

案例研究房屋在内部和外部空间之间有3层玻璃门：一道门（从房屋下面）通往一个工作室，一道门连接露台和厨房，还有前门很自然地嵌进整个房屋。从上面的停车平台看不到前门。不设置任何走廊的想法是经过深思熟虑的结果。一个原因是简居广司认为走廊作用不大，他说走廊与案例研究房屋中在共享空间和私人空间无缝衔接及环形衔接的理念不符。厨房、餐厅和起居室构成一个中心，周围是3个卧室、2个浴室和1个开放式工作空间。这个房屋看似"骑行"在山坡上，通过两三级阶梯的高度提高来塑造不同层次的小起伏，因此这栋房屋不需要围栏和明显的分隔物。相反，天然的胶合板地板，比如起居室的地板，可以自然向下倾斜两个阶梯，然后与工作室的桌子无缝衔接。工作室呈折叠状，就像一把椅子一样，与更低两个阶梯的房间里的图书室相衔接。

这位建筑设计师想看看他能否
建造出展现概念村庄理念的独栋房屋。

简居广司为一个寻求将家庭空间和工作空间一体化的家庭设计了这个案例研究房屋。这样他们就有更多时间在一起了。为了实现这个目标，建筑设计师想看看他能否建造出展现概念村庄理念的独栋房屋。一个家庭由生活在同一屋檐下的几个个体组成。他希望以抽象的方式来掌握具体事物，让这些个体能在同一个空间既满足个人居住的要求，又能实现社会性。尽管外形棱角分明，但案例研究房屋整体盘旋上升的外形模拟了人类自发、灵活的运动。它的房间都是相互连接的。房屋的朝向大体一致，但是在"运动"的过程中有着不同的定位。可以说，这栋房屋可以满足很多人的不同需求，而且一点也不显得拥挤。房屋内部有一种通透和无重的感觉。人们沿着不同水平线运动，被充沛的阳光和清新的空气轻柔地推进。考虑到尽量不去破坏周围的景致，案例研究房屋占地面积很小。

简居广司告诉我，他把这个项目作为一个大项目的第一阶段，他日后可能把它变成一个由3个阶段组成的大项目。随着家庭成员增加，这个房子或者说"村庄"也可能是这样的。考虑案例研究房屋日后的使用，简居广司设想了沿着山坡在现有结构下面再增加两个结构群。那是一对相互联系的环形结构，同时通过共享空间与现有结构相连。到时候，现有结构也可能分解成由餐厅、厨房、起居室、卧室等不同空间组成的结构。这种远景的扩展和一个家庭的扩展别无二致，那就是一群原先在一起后来又分开的人，虽然分开但彼此之间的联系难以割舍。作为研究更大规模结构——充分考虑"现代城市生活"的案例，简居广司说，案例研究房屋挖掘一种社会成员可以共同生活而不是日益分离的居住空间，让所有人能够自由生活，而不是踩着别人的脚那样局促的生活。

04-06 这个立方体形状构成的建筑整体呈环形，三扇玻璃门将内部和外部区分开来。

07-08 经过一个漫长的、像茧一样的通道才能来到房屋的正门。这栋房屋尽量不去破坏周围的树木，同时计划尽可能增加以同样方式相互联系的空间。

"这个设计意味着森林比房屋重要。"

01 门廊
02 起居室
03 卧室
04 壁橱
05 卧室
06 学习室
07 餐厅
08 厨房
09 起居室
10 屋顶露台

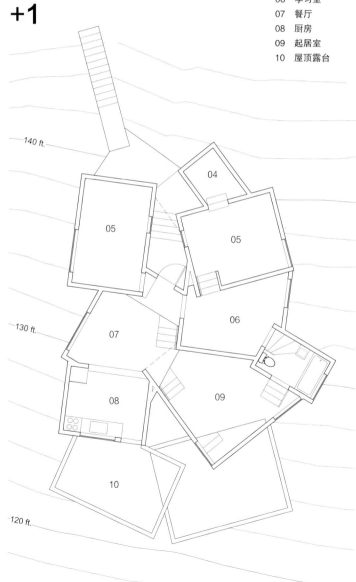

2012　　KOJI TSUTSUI & ASSOCIATES / 简居广司联合公司　　美国米尔谷

屋 顶

文：卡特利杰·努伊杰辛克
图：伊旺·巴恩

roof

2010　　SOU FUJIMOTO ARCHITECTS / 藤本壮介建筑事务所　　日本西宫

藤本壮介设计的K屋将一个瘦长的区域转化成了一个家庭的乐园。

01-03 这位建筑设计师倾向于让自己的设计作品最大限度地符合客户的生活习惯。这个有屋顶的花园里面有倾斜的区域和不同层级，创造了建筑与自然之间的巧妙融合。

您过去在设计住宅时常用一些盒子式的结构。这次为什么选择不同的形状呢？

藤本壮介：我第一次来这个地方的时候，发现它的背面有个缓坡，西面有几棵树。我就想把房子设计成开放式，让住户能看见天空和周围的绿树。我还设想了在这个狭长的区域同时设计一个花园和一个居住空间，这样最后的结构就是斜长的带有屋顶的花园结构。我不喜欢遵循固定的建筑样式。我是从对这个场地的理解产生灵感的。这块场地给了我新思路，最后设计出了新样式的建筑。

和世濑岛完成了清净屋公寓之后，她的设计理念从棱角状转换到了曲线形。这也是大仓山的特色。您为什么对流线形墙面情有独钟呢？

我认为曲线本身就有着特定的意义。我在想象客户一家人在这里生活的场面时想到要用曲线形设计。这几乎是一瞬间做的决定。其中一些曲线就像周围的地形一样自然。阳光从上面倾泻下来。曲线和直线相比，更能赋予联系和连续性以新的意义。从联系和连续性的视角去看曲线，能够带来诸多不同的机会。

K屋的屋顶就像一个隐藏的游乐场，一种东京袖珍公园？

确实是这样。在设计屋顶花园时，我不自觉地受到野口伟的游乐场设计的启发。我把这个屋顶看作一个人工场地，住户可以在上面放松，做各种游戏。我还在屋顶的斜坡上面添加了树、家具和一个小屋。这些都是我对那个花园添加的吸引人的活动的一些元素。

能举个例子吗？

这个屋顶花园的使用是很自由的，可以在上面用餐，躺下享受阳光，做游戏，或者只是伸展身体享受周围的氛围。

在这个项目中，你是否在花园和房屋之间建立了之前那些项目所没有的一种关系？

是的。这个项目在内部和外部建立了一种新的、更加强烈的关系。在屋顶的诸多开口处，顶部和底部的窗户都是可以打开的。房屋的内部被分成3层。可以上楼梯来到第一层，从其中的任何一扇窗户穿过，来到屋顶花园，走到屋顶的另一端，然后通过底部的窗户再次进入下面的房屋。空气的自由流通将内部和外部自然地连接起来。这样屋里的空间和屋外的花园成为一个有机整体，营造出愉悦的生活氛围。

"曲线和直线相比,更能赋予联系和连续性以新的意义。"

04-07 天窗将光线导向房屋内部的主要空间。而嵌入墙体中的阶梯也提供了额外的座位。这个家庭的父母住在顶层阁楼一样的空间,孩子们在楼下有一个封闭的卧室。

再回头看之前的项目,或许"屋在屋前"或者横滨的OM屋与K屋的三围屋顶花园及其与房屋内部空间的联系有相似之处,但是三者的外形是完全不同的。

建筑的外形影响其内部空间的理念,让我想到了平田晃久设计的阿尔普公寓。我在K屋中设计的斜坡和角度使得内部的居住空间很舒适。这不再是建筑的外形带来的变化。这更像房屋内部和外部之间的真实连接。比如说,我对"山型建筑"的理解已经超越了自然的山,必须通过建筑本身所形成的人工山的建筑体验来实现。

在一次采访中,您曾经提到国外的客户从您设计的日本项目中找到了"价值观"。我想知道,您把实验派日式独栋住宅的特征用一种涵盖大场地和西式结构的建筑语言表述出来之后,这种日式住宅的特征还剩下多少呢?

我发现窄小的日式住宅、宽大的西式建筑,以及小规模的社会空间和大规模的公共建设工程,都一样激动人心。目前我们正在进行中的项目有30多个。它们的规模和内容都有很大不同。我很感激我们的工作有这样的多样性。因为这样我可以从多重视角来思考建筑,思考不同的生活方式。在我们办公室,经常遇到不同项目之间有交集,有的时候一个项目会为另一个项目带来灵感,虽然它们的规模和用途都各不相同。交互性是我们的设计流程的基础。人们的生活方式和每天的活动都有很大不同,有的甚至我们都无法理解。每个项目都能反映人类美好生活未被开发而又基本的方面。这也是建筑设计充满乐趣的原因。

06

07

现场平面图

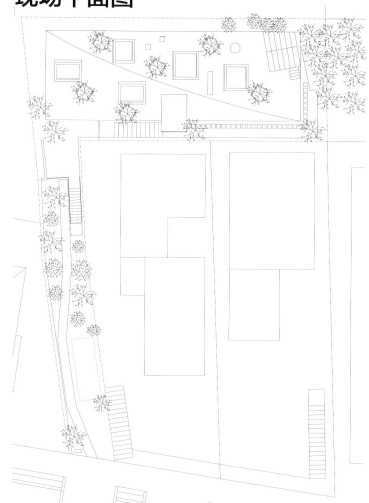

"我发现窄小的日式住宅、宽大的西式建筑，都一样激动人心。"

横剖面图

+1

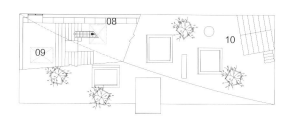

纵剖面图

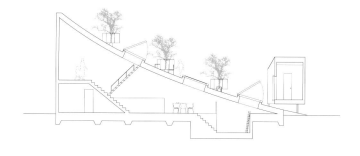

0

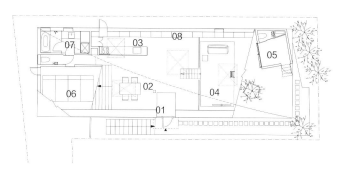

01 入口
02 用餐区
03 厨房
04 起居室
05 屋顶花园房
06 主卧
07 浴室
08 存储墙
09 儿童房
10 屋顶花园

2010　　SOU FUJIMOTO ARCHITECTS / 藤本壮介建筑事务所　　日本西宫

树　干

文：托马斯·丹尼尔
图：真由安田 / 那卡沙合伙人有限公司

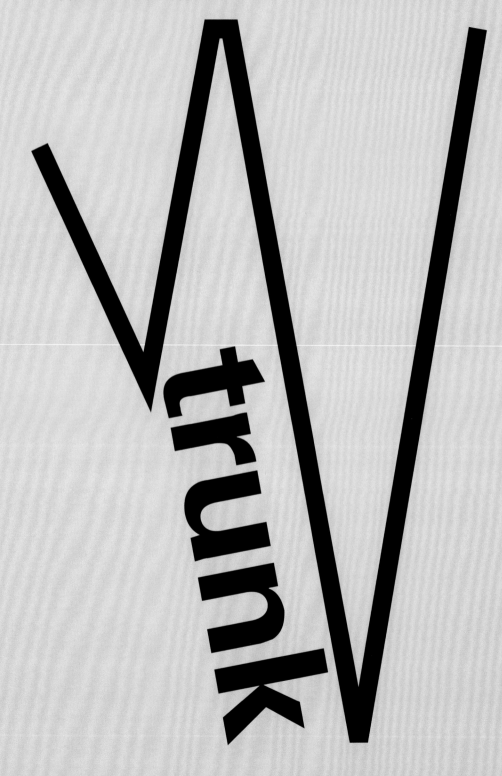

中渡广二设计的建筑为"水泥丛林"赋予了新意义,创造了整洁的家庭和办公空间。

01-04 这个像树一样的建筑创造了相互重叠的楼层,每个楼层的混凝土楼板相互支撑。房屋内部几乎没有支撑物,因此创造出了开放空间。

中渡广二于2003年在名古屋设计了这个名为二氧化碳(CO2)的工作室。它逐步发展成为结构完善、注重细节的私人住宅。2012年8月,他的公司完成了一个令人惊奇的、不规则的、看似杂乱无章的建筑:两个歪歪扭扭的梯形楼板插入倾斜的、分叉的墙面,通过墙面来支撑墙板。这些墙都是混凝土的。在名古屋爱知县一条繁华的街道,dNb(爱知中渡建筑)似乎与周围的景观不太相称。但是这栋建筑是中渡居住和工作的地方,可能这是他希望创建的同样类型建筑中最典型的例子了。

中渡没有在设计方案中加入理想化的几何图案,一般来说,他的设计都是基于既定场地的特征和品质。"每个场地都有自己的特性。"他说,"这种特征里隐藏着创建人和场地之间的关系的线索。我进行设计的第一步是发现这些特征。如果原来的场地有屋顶、墙或者柱子,就应该在建筑结构中予以加强。屋顶下面,人们所进行的活动会根据墙和天花板的形状和位置来变化。也是这些活动为不同的形状和位置赋予了意义。建筑的外观屈居于场地的特征和住宅内的活动。"

在dNb中,场地的不同位置有5英尺的高差,因此相对的两个方向各设计了一个结构。每个结构由常规层间高度的4层混凝土板组成。如此,这些结构重叠的区域就成为了半层楼板分割而成的不规则结构。在最初的一些研究模型中,这个结构类似两堆杂乱叠放的桌子,桌腿就像尖端向下的楔形。与结构工程公司藤生合伙人公司探讨之后,设计师决定将桌腿改成与建筑物同等高度的不规则斜墙。最后的结果是抽象的树形主题,这和中渡广二的创造与天然事物相类似的建筑结构的理念一致。这些倾斜的墙相互支撑,从整个结构的中心呈放射状分布。这种相互支撑的结构增加了建筑的抗震性。中渡广二将它描述为"密集地挤在一起的能很好地抵御大风的植物"。这种树形墙最大限度减少了整个建筑中的独立元素。它有一种内在的结构逻辑。最底层更坚固,因此上层能够承受更大重量压力。它还有一种功能性、经验性逻辑:密集的"树干"和向外伸展的"枝丫"决定了固定墙体上安装玻璃的比例,创造了私密性的竖向层次。

这些清水混凝土构件都清楚地连接在一起。玻璃镶嵌在墙体内部,接口处隐藏在墙体中。建筑物外部的轻型钢楼梯太轻巧,因此对整个水泥结构的外观没有太多改变。水泥板或者隐藏在竖向结构后面,或者作为整个水泥结构的一部分平放。所有的水泥板的边缘都沿着建筑物外表面连续的水平线分布,有的可以作为浅屋檐,有的延伸得较远的可以作为阳台。设计师没有尝试去弱化或者隐藏建筑的边角,或者将横向和竖向元素融合成穿孔的雕塑,从而来适应钢筋混凝土的塑性势。这是建筑设计师的合成法的一种未经修饰的展现,但它更多的是一种图解形式主义,而不是"诚实的"构造表述。水泥板的混凝土底面(钢筋高密度板藏在水泥板下,这些高密度板比梁柱更厚实)没有任何梁柱伸出,一个神奇的效果是让整个建筑看起来像全尺寸的纸板箱模型——有凹口、相互贯通的平刨以一种轻松的平衡状态存在。

> "建筑的内部空间或多或少直接受建筑外形的影响。"

05-07 建筑的室内特意保留清水混凝土,在清晨充满了自然光,投射出树状的阴影。

建筑的内部空间或多或少直接受建筑外形的影响。除了极少的几个地方是木质结构之外,其余的结构都和建筑的外观别无二致。中渡广二的目的是创建他所谓的"很容易被外部更广阔环境同化的纯空间"。自然光和微风通过偏楼板和倾斜的墙产生的多个孔洞进入室内,既与室外环境相通,又能给室内以不断变化的风景。早晨,整个建筑充满阳光,偏楼板和斜墙将光线切割成的光影就像一个小树林。声音在水泥板和天花板中回响,外部的玻璃降低了交通噪音。

中渡广二说,"接受风雨和阳光是居住在dNb屋的先决条件。"他把填充空间作为"缓冲区,用来调节整个结构内部所有的空间"。常规的舒适因素——空气调节、地毯、墙面装修——在这里都省略了,目的是营造一种与众不同的舒适,其方式是"像接受每天生活中的其他因素一样接受这个环境"。这个建筑就像是天然存在的,一个人们必须学会如何在其中居住的空间。

如果一名建筑设计师要完全满足客户的愿望,那就需要做他想做的任何事(在预算之内)。如果他的实验失败了,也无需向任何人解释什么。然而,建筑师和客户之间的动机性摩擦的缺失也带来了其他一些困难。完全的自由可能让人失去活力,甚至麻痹。对dNb来说,中渡广二从大自然中汲取灵感,把这个场地的气候条件和环境当作他的客户。用他的话来说,"我想要创造一种能产生独特的复杂性、带来舒适感、就像植物一样与周围的大环境相融合的建筑。"

+1

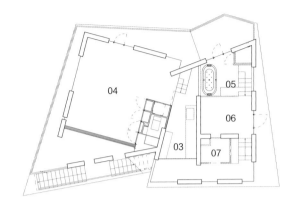

+3

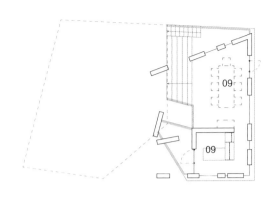

0

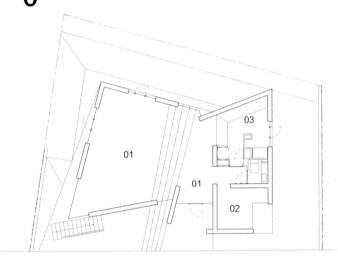

+2

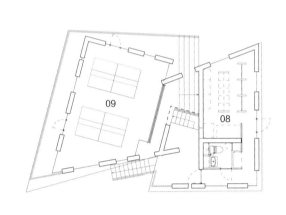

剖面图

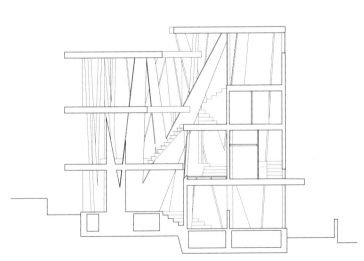

01 大厅
02 走廊
03 厨房
04 起居室
05 浴室
06 卧室
07 储藏室
08 图书室
09 办公室

中渡广二的目的是创建他所谓的"很容易被外部更广阔环境同化的纯空间"。

条 纹

文：大卫·科伊宁
图：马塞尔·范·德尔·伯格

stripes

加加工作室用两个简单的姿势建造了家居-工作一体化的住宅。该住宅功能更完善,居住更舒适。

01-03 这个房屋的设计很简单。办公区位于一层。它的布局是越高越私密。二层有一个起居室和一个厨房。卧室在三层。

在荷兰南荷兰省的莱顿市,有一个占地670单元的住宅区。这些住宅大部分是排屋,住户都遵循MVRDV建筑设计事务所制定的总规划中的相关条件。航空工程师阿里·伯格斯马和2007年创立加加建筑工作室的建筑设计师以斯帖·史蒂夫林克设计了8栋这样的房子。他们的家居-工作一体化房屋是第9个设计作品。

为自己设计房子不是最简单的任务。你是怎样开展这个项目的呢?

以斯帖·史蒂夫林克:约束中可以展现才华。我们决定不把这个房子的每个细节搞得很惊艳,相反,把我们的注意力集中在几个点上。其中一个是二楼的巨大窗户。它的尺寸是8英尺×18英尺,是在瑞士制造的,带着窗框安装上去的。因为如果没有窗框的话,巨大的玻璃不会那么稳定。

外墙的条纹图案也是这样吗?

阿里·伯格斯马:那是这栋房子的另一个特色。我们在建造这里的其他住宅时,认识了很多分包商,包括马腾·马尔德,一个年轻的自主创业的石膏师。他喜欢实验,因此我们让他加入我们。泥匠工作主要关注装饰,做了一系列尝试之后,我们选择了水平条纹。马尔德用木头做了3个模筛样板,然后手动把它们沿墙壁滑下。灰泥几天之后才干。在这几天当中,只有一两天很适合在这些灰泥表面雕刻条纹。因此我们的时间很紧。当然了,天气也起决定性作用。室外灰泥作业需要温度在50~68华氏度(10~20℃)之间,干燥,阳光不那么足。马尔德要在23000延英尺的范围内涂抹灰泥,那几天他非常繁忙。但结果是惊人的。这栋住宅比周围的建筑都让人惊艳,其他房屋的石膏师在看过这个建筑之后都夸赞他的手艺。

04-05 二层的起居空间有一个双重高度的通风井，通过窗户与楼上的卧室相连，这样二层和三层的人交流起来更方便。

01 入口
02 办公区
03 起居室/厨房
04 卧室
05 浴室
06 空

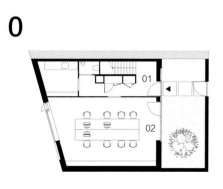
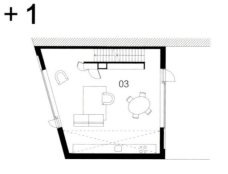

地　面

文：简·西塔
图：乔斯·埃维亚

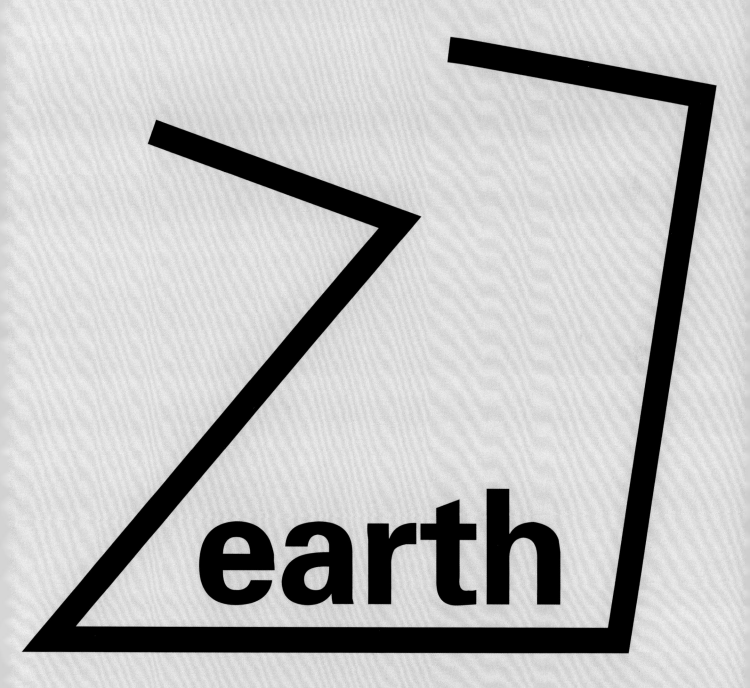

2012　　SIO2 ARCH AND MIBA ARCHITECTS / Sio2亚克&米巴建筑事务所　　西班牙希洪

在西班牙，Sio2亚克&米巴建筑事务所发现一种将扩展了的艺术工作室与每天生活相融合的方式。

01 这个建筑位于一个斜坡之上。覆满草的屋顶下面是一个客用套房。这个住宅有4个主要部分：公寓、客用套房、艺术工作室和车库。

02 这栋住宅按照客户的要求呈现。在这里，艺术工作室将近1200平方英尺。天花板有双重高度，自然光充沛。

03-04 主居住区域位于住宅的最顶层，悬于车库门之上。它的下面是其他居住区域。

05-06 左面是主居住区域的厨房。右面是美术工作室。

这栋房屋莫名地从地面上升起，延伸出不规则的外形。这是艺术家劳拉·里奥斯在西班牙希洪的住家兼工作室。它和地面的斜坡有着不同寻常的关联。Sio2亚克&米巴建筑事务所设计的这个半嵌入式的建筑的外形奇特，这是因为建筑设计师希望最大限度地利用周围景物，尤其是周围的橡树。这种外形也与它异常复杂的设计方案有关。

建筑设计师托尼·蒙特斯说，客户想要一个"朝北的有充沛阳光的大画室，一个房间、一个客用套房、一个大车库和一个酒窖"。此外，所有的要素虽然相互关联，还是要有自己的出入空间。

这个建筑事务所将这些复杂的要求作为起始点。蒙特斯把它称为"类型创新的探索"。住宅中，室内空间与一个双重高度的工作室同时存在。室内有裸露在外的金属波纹板，但是室外这种材料是绝缘的。它表现着一种工业模型。蜂窝黏土块建造的墙能够增加热效率。外墙安装了很多玻璃窗，以满足不同时间、不同方向的视野，以及背面画室的阳光需求。

客用套房上面是玻璃屋顶，使得固定结构到自由结构之间的过渡更平缓。外墙的白色粉刷面让这栋建筑在大环境中很显眼。玻璃和白色墙面都反映了蒙特斯所希望的建筑与周围环境的"共生"。

01 车库
02 工作室
03 空
04 起居室/厨房
05 主卫
06 主卧
07 客卫
08 客卧

横剖面图

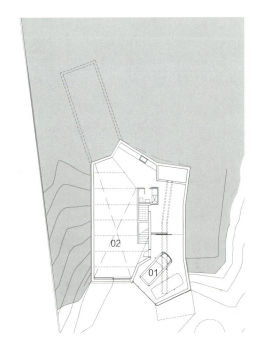
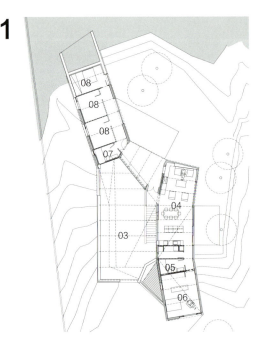

尖　锐

文：卡特利杰·努伊杰辛克
图：栗原坚太郎

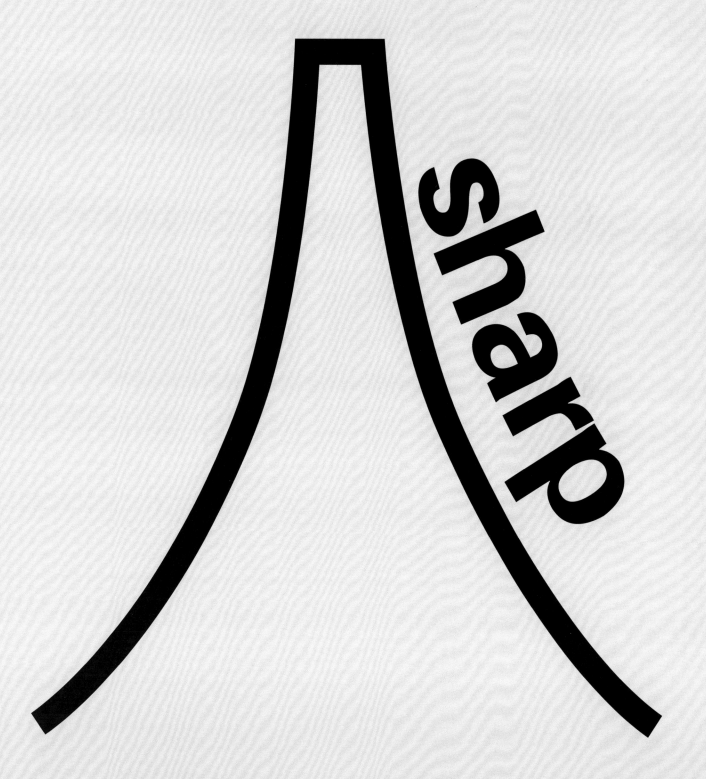

速度工作室通过简单旋转建筑平面图，利用大刀阔斧的曲线和不规则形状，创造了具有私密度的私人户外空间。

01 房屋面向街道的一角能看见4个独特的室外花园中的一个。这些花园是基于这栋建筑的形状和方位塑造的。

02-03 滑动玻璃门让住户可以从一个花园漫步到另一个。建筑每个狭窄拐角的一端都导向下一个花园。

你是如何设计并建造这样一个不同寻常的建筑的呢？

喜志秀一（速度工作室）：对日本的建筑场地和房屋提及的规定很宽泛，只要达到62%的建筑面积比和200%的容积率就可以。这样我们就知道可以设计任何形状的建筑了。但是如果设计与周围住宅类似的形状，我们就无法保证私密性。因为住宅之间的空隙太小了，窗户可能直接面对对面的窗户。我们通过旋转平面图，在建筑的四角插入大花园来解决这个问题。

住户最满意的地方是什么？

我们把这栋住宅命名为"城市森林小屋"。森林的概念让住户与其他住宅的住户保持一定距离，可以享受室外的私密空间。

住宅的一楼有一个美容区。他们过去在自己的住宅附近经营一个美容院。我们为他们设计的新住宅让工作和家庭生活融为一体。每个花园都有自己的角色定位：一个可以直接进入房屋，一个可以进入美容沙龙，一个作为整个房屋的大花园，一个作为美容沙龙的花园。客户很满意整栋房屋的位置，以及它的花园既满足公共生活，又实现了私密性。

这个房屋的设计得益于客户和周围的房屋。任何住宅内部吸引人的地方都取决于室内和室外空间之间的关系。一个房屋的照明、通风、景致和私密性，都与附近的结构密切相关。这4个花园对所有相关的人来说都是充满乐趣的所在，他们包括客户、邻居和过路人。几年后，当这些树长高，我们最开始设计的绿色环境就更明显了。

0   +1

04 创建这么多的室外空间使得整个建筑的面积缩小了，因此我们安装了旋转楼梯来解决这个问题。

05 朝向房屋的后面有一个曲线形露台。

01 公共入口
02 美容沙龙
03 私人入口
04 起居室/厨房
05 主卧
06 儿童卧室
07 浴室

阁 楼

文：卡特利杰·努伊杰辛克
图：太田铎美

2012　　MAMM DESIGN / 马目设计公司　　荷兰阿姆斯特丹

马目（Mamm）设计公司为一个家庭设计了兼具明亮通透、开放和亲密感的公寓套房。

01 该公寓位于阿姆斯特丹的日维瑞布特区域，建于20世纪二三十年代，是H·P·伯利奇的南部计划的一部分。

02 两个主要楼层之间有楼梯。卧室在下面，厨房和餐厅在楼上。

03 浴室和厨房在一个很小的、独立式的塔楼里，塔楼上面有个中间层，可以爬梯子上去。

一对来自日本的建筑设计师夫妇是如何参与到这个荷兰的建筑翻新项目中来的呢？

真田秋良：我们的客户——一个日本女人，和她的意大利丈夫及两个孩子到日本时，在一个日本杂志上看到了我们设计的Minna No 1e屋。后来他们给我们发邮件，询问我们是否愿意翻新他们在阿姆斯特丹刚刚买下的一个公寓。他们的预算很少，只够承担我们从日本到荷兰的旅费。尽管考虑到这些困难，以及我们在异国他乡工作的风险，我们还是把这个项目作为一个很好的机会，因为这是我们第一次承接海外的项目。

你们看到这个公寓之后的第一印象是什么？

公寓的顶层有一个大阁楼和一个屋架，环境已经很不错了。尽管它对室外几乎是封闭的，我还是觉得可以把它改造成一个明亮的所在；而楼下就不同了，楼下很昏暗。两层楼之间的楼梯有一个天窗，这是优势，但是墙壁将阳光阻挡住了，不能照到公寓的其他部分。

你希望改变哪些部分？保留哪些部分？

我们希望通过最小的改变带来最大的效应。我们想移除现有的楼梯，因为它挡住了阳光。为了省钱，我们决定沿用楼梯的一些部件，如一楼中心的剪力墙和浴室的管套。当然了，我们还要保留这个独特的阁楼。

一切都按计划进行吗？你们喜欢与荷兰建筑师合作吗？

不完全按计划进行。刚开始，我们想用一种硬材料来装饰地板，如油地毡。但是由于客户搬到公寓时，下面的菱镁矿不够干燥，他们就暂时在上面铺了一块地毯。这可以使菱镁矿中的湿气挥发。由于他们觉得这样没什么不方便，因此就保留了这个临时地板。我们还在起居室和未建完的中层楼之间设计了一个旋转楼梯。但最后客户选择了梯子。

我们按照马赛克设计了房屋内部空间：一个小失败就可能影响其他所有的要素。我们雇用了一个号称很细致的建筑师，但他不是那么言而有信。我们有时候会让他返工。这个过程中我们有很多趣事。

你们把典型的日本元素加入这个设计了吗？

所有房间都是开放式的，并且相互连接，甚至卧室也这样。这就是典型的日式元素。作为日本人，我们总会或多或少地加入日本元素。有时是自觉的，有时是不自觉的。但是我们没有刻意去设计一个日式的室内空间。设计成开放式是因为客户希望尽可能多地接受阳光，同时家庭成员之间的交流更方便。

如何能看出这个设计是马目设计公司的作品呢？

螺旋循环的平面图，室内设计中的城市元素，让阳光洒满房间的大天窗，以及白色的石膏饰面。

04-05 由于这个项目的预算有限,因此保留了原来的很多结构。只是把原来的楼梯换掉了,这样就可以有更多的阳光进入房间。

06 地毯是临时的,但是没有换掉。

"公寓的顶层有一个大阁楼和一个屋架,环境已经很不错了。尽管它对室外几乎是封闭的,我还是觉得可以把它改造成一个明亮的所在。"

07 厨房上面的位置设计了一个中层楼，就像一个室内的书屋，给孩子们玩乐用。

08 房屋下层主要是家庭活动室。

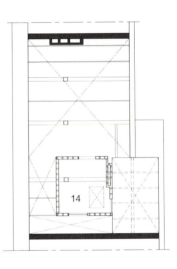

01 入口
02 大厅
03 办公室
04 洗衣房
05 阳台
06 主卧
07 儿童卧室
08 家庭活动室
09 浴室
10 厨房
11 起居室
12 餐厅
13 露台
14 中层楼

2012　　MAMM DESIGN / 马目设计公司　　荷兰阿姆斯特丹

穹窿

文:米歇尔·韦伯
图:艾瑞克·施陶登迈尔

JOHNSTON MARKLEE / 约翰斯顿·马克里公司　　美国奥克斯纳德

约翰斯顿·马克里公司用夸张的拱形结构和精巧的技术为宁静的海滨住宅带来了光亮和美景。

01 这个穹窿屋很神秘。就像一名雕刻师雕刻的一块巨大的石头，让人们看不清里面的内容。

02 穹窿屋的大门口。

03 为了避免受到暴风雨的袭击，穹窿屋在沙滩之上6英尺。车库设置了墙壁。大潮涌入可能导致墙壁坍塌。

加利福尼亚的很多沙滩都有密集的一排排的狭长状房屋与海滨高速路相隔。这些房屋就像停放在太平间的一排排棺材。这种既定状态很难改变，因为高度等因素是严格界定的。用不同材料来装饰外墙面也不能改变这种单调的状态。电影大亨出手阔绰，可以在马里布市买下大块土地，但是普通人只能拥有40英尺。一个偶然的机会，建筑设计师发现了解决这个问题的好方法。

我开车到洛杉矶西北方向31英里的奥克斯纳德，去看约翰斯顿·马克里公司刚刚设计的房屋。这是洛杉矶的一家小公司，擅长把限制转化成优势。我发现了一个神秘的白色住宅，它有清晰切割的U形大门。马克·李说，"限制条件太多，因此设计的过程是做减法，而不是做加法。我们切割了一个大空间来打造不同房间。我们现在还不想透露所有的细节。我们更愿意保留复杂元素，一点点向外发布。"

这是这家公司的第二个任务。他们的客户是一对有两个女儿的夫妻。这栋房屋通过彻底而微妙的方式来打破常规。南边的空地会被完全填满，因此我们设计了巨大的开口，这样就可以既让足够多的阳光进入又保持私密性。北面只有几扇小窗户。李说，"我们受安藤忠雄在奥斯卡设计的第一个房屋影响。那个房屋非常朴素，有一面空白的墙面向街道，后面是一个入口，入口上面是天窗。"他和他的合作伙伴莎伦·约翰斯顿与项目建筑设计师卡特琳·特尔施特根合作，来研究每个房间最合适的大小和方位，用图解模型把它们摆放在一起，彼此呈开放式。他们通过物理模型和3D软件进行了4个循环，最后确定一个错层式房屋结构。

与把主卧直接放在起居室楼上的传统做法不同，约翰斯顿找到了能最大限度享受阳光和海景的方法。他们在房屋中央设计了一个抬升式庭院，然后把主卧放在错层式起居室的后方，起居室直接和一个隐藏式露台相连。两个客用房间面向街道，而其他的室内空间都可以看到海景。建筑设计师希望强调东西两侧的轴对称性，因此每个房间上面都设计了弧形穹顶。这样就弱化了直线型结构的棱角，而且和西班牙殖民建筑样式相一致。这种建筑结构目前在加利福尼亚仍然很流行。拱形开口在最上层反转。

穹窿屋是钢筋木框架结构，部分墙面用拉毛法粉饰。墙体表面形成一层人造橡胶膜，不需要任何伸缩接头，能够抵御海洋空气的腐蚀。为了避免受到暴风雨的袭击，穹窿屋在沙滩之上6.5英尺。房屋坐落在混凝土铺装层上，由28个木桩支撑，地基很牢靠。车库位于一层的后部。有大浪打来时车库墙会立即坍塌，让潮水从房屋下面通过。这种加高的结构保障了安全性，也让整个建筑有一种轻盈的感觉。开口处设置的位置很有技巧，主要是为了抬高倾斜的视角，同时过滤上方倾泻下来的光线。这种不对称性使得南面成为一个赏心悦目的所在。房屋的地界线一直延伸到海水的高潮水位线。尽管人们可以自由进出海滩，设计师还是获准将这栋房屋的边界向旁边的房屋方向延伸了10英尺，这样就打开了两边的视野，将单方向的视角扩展成了全方位视角。

因为起居室的上方是屋顶露台，因此起居室的天花板是向下凹陷的。

04-05 每个房间的弧形天花板拱顶丰富了墙面的线性几何形状。

我和卡特琳从南面一个很不显眼的入口进入这栋房屋。从这个矮门进去，就开始了我们的建筑漫步。走过几阶楼梯，我们来到了院子里。穿过低矮的厨房和用餐区，进入起居室。从起居室经过滑道与一个有遮蔽的露台相连，在那里可以看到广阔的碧海蓝天。那是一种引人入胜的情景，从每一点都能看到不同的远景，无论是在上方还是在建筑的一侧，各种景致都在丰富空间体验，捕捉最美的海景。阳光从两三个点照射进来，这是分散水面上反射出的太阳光，避免造成目眩的一种方式。拱形穹顶将室内塑造成一种有机的、感官模型化的一系列空间。这些空间彼此相连。因为起居室的上方是屋顶露台，因此起居室的天花板是向下凹陷的。为了安装窗户，天花板旋转了90度。

开口处有宽有窄，半圆拱采用尖肋哥特式轮廓。半圆拱结构向庭院倾斜，在建筑的后部保持弯曲的形状，最后延伸到两个客用套房的两扇不同高度的窗户。与建筑天才安东尼·高蒂的自由造型不同，这栋房屋的曲线形结构保持着典型的严谨。与约翰斯顿·马克里公司设计的其他住宅相同的是，这栋房屋通过简单元素的巧妙组合构成了复杂性。尽管每个建筑元素都是独一无二的，也是量身定制的，但是不同样式和形状的搭配非常协调。最近几年，该公司开拓了不同业务，也做了很多大项目。约翰斯顿·马克里公司运用质朴而精致的结构，以一种诗意的方式解决不同的建筑问题。

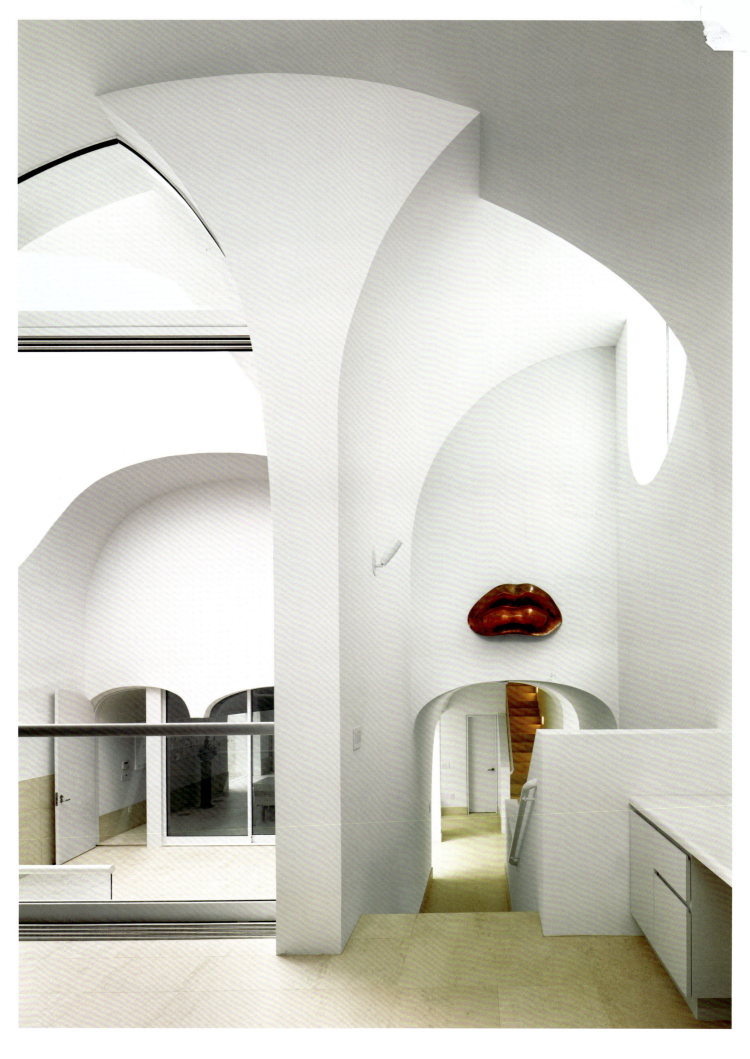

06 设计师没有把主卧直接设计在起居室上方,因为这样会挡住后面的房间。相反,约翰斯顿·马克里公司在房屋中心设计了一个抬升式庭院,让主卧与双重高度的起居室错开。

07 挑战是在一个逼仄的空间营造一种空间很大的感觉。

建筑图解

+2

+1

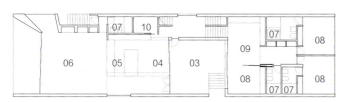

0

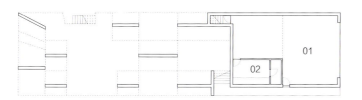

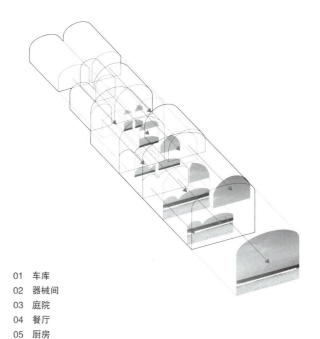

01 车库
02 器械间
03 庭院
04 餐厅
05 厨房
06 起居室
07 浴室
08 客厅
09 学习室
10 餐具室
11 主卧
12 步入式橱柜

镜　子

文：柯尔斯顿·哈尼玛
图：杰伦·米施

约翰南·赛尔宾和艾纽克·伏戈尔设计了一个流线型的、隐秘的别墅。它在保证私密性的同时，也与外部环境静静融合。

01-03 镜屋的外表面几乎都是反光玻璃的。房屋后面被绿植环绕，两者相映成趣。

这款名为De Eenvoud的房屋四面都是镜子，堪称最美房屋。这是荷兰阿尔梅勒市的一个实验派住宅项目吗？答案是：这是约翰南•赛尔宾和艾纽克•伏戈尔设计的镜屋。这是这个地区的第3个住宅，也是这个城市的第4个实验派住宅项目。这个市政计划从2005年开始执行。Eenvoud（简单）旨在改善非常规房屋的设计和建造。设计方案是：提交简单而有趣的设计想法，预算是15万美元。

这个设计理念简单得不能再简单的玻璃小屋如此有趣的原因在于它的对比。这个建筑本身就像一个极简抽象艺术的雕塑，系统地避免了诸如前门、檐沟、窗框这些建筑元素。

同时，外墙用反光玻璃贴覆让这栋建筑更好地与周围环境融合。这个长方体结构就像是这里的自然景观的一部分。从外面看，这栋建筑像绸缎一样丝滑的外表看起来异常清爽炫酷。定制的桦木胶合板橱柜、滑动墙体和便捷的厨房都是内部空间的亮点。这些元素让内部空间变得温暖而舒适。这栋1300平方英尺（约120平方米）的房屋的王牌是让里面的人可以望见室外，但是外面的人看不到室内。反光玻璃使得室内活动很隐蔽。隐藏在建筑正面的窗户让住户可以偷窥邻居，而不会被发现。同时，住户可以通过完全透明的后墙观赏房屋后面森林的美景。

04 镜屋的浴室在主入口的对面。

05-06 起居室和厨房的设计理念是延长视线,让整个房屋看起来更大。

平面图

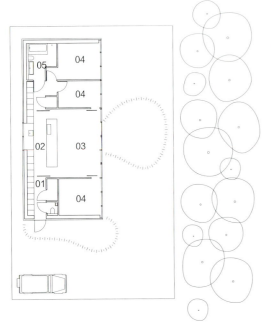

01 入口
02 厨房
03 起居室
04 卧室
05 浴室

横剖面图

从外面看,这栋建筑像绸缎一样丝滑的外表看起来异常清爽炫酷。

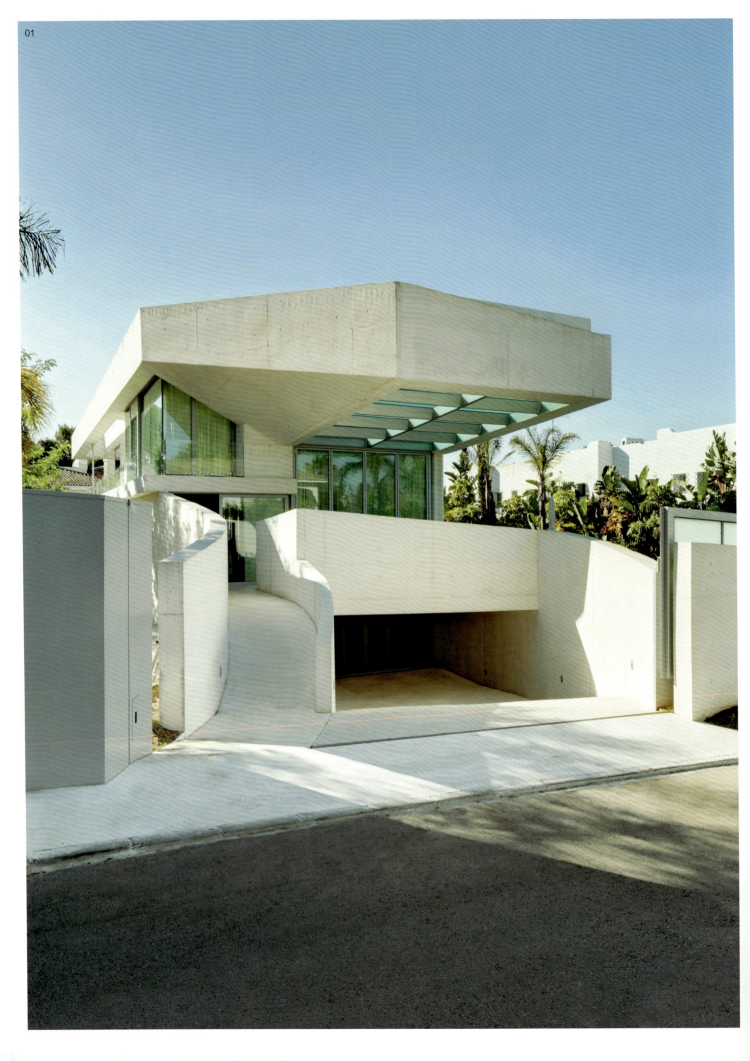

水族馆

文：简·西塔
图：让·比特

2013　　WIEL ARETS ARCHITECTS / 维尔·阿勒特建筑事务所　　西班牙马尔韦利亚

维尔·阿勒特设计的郊外度假公寓有一个屋顶游泳池，景色绝妙，兼具节能效果。

01-02 整栋房屋基本上都是混凝土建造的，因此承重性很好，屋顶游泳池探出来，下面形成了一个有遮蔽的户外空间。

03 从室内看游泳池可以满足人们的窥私愿望，这是客户提出的希望建一个大型水族馆的想法所激发的灵感。

　　这栋水母形状的壮观别墅庄园位于西班牙马尔韦利亚的洛杉矶蒙特罗斯。这个位置距离海滩很近，但是被附近的建筑物遮挡住了。这栋由混凝土和玻璃建造的度假别墅屋顶的游泳池可以望见广阔的山景和海景。游泳池延伸到屋顶露台上，成为下面另一个露台的天然遮蔽。这栋建筑有3个主要的行走路径：主入口、海滩到屋顶的路径和客人入口。该建筑的设计理念是室内室外贯通，因此房屋的玻璃部分可以打开，从而将室内和室外连接在一起。这种交互，以及特殊的绿色玻璃窗，可以封锁或排出室内90%的热气，让整栋房屋无需空调也能保持凉爽。别墅的公共空间，如起居室和餐厅，以及私人空间，如卧室，都通过独立而又交错的路径相连接。别墅的其他一些设计也可以满足人们的窥私欲，如游泳池下底板是玻璃的，这样下面露台里的人就可以看见上面游泳的人，从厨房也可以看到游泳池的另一侧。

　　维尔·阿勒特常常去这个别墅体验。客户就是他的老朋友。他说，"你必须找到是为自己设计房子的感觉。"建筑的名字来自最初的设计计划，那就是设计一个室内的充满多彩水母的水族馆。但这个方案后来没有采用。事实上，人就是这个水族馆中的生物。

+2

+1

0

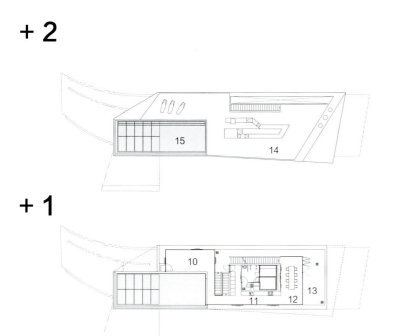

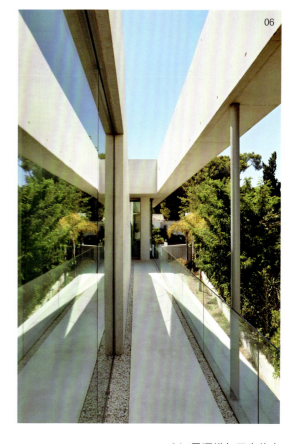

04 屋顶增加了室外空间的面积，让住户可以欣赏周围的景致和远处的海景。

05-06 这个建筑有很多行走路径，室内的每个空间都可以看到这个游泳池。

01 车库
02 储藏室
03 客用卧室
04 露台
05 入口大厅
06 起居室
07 儿童卧室
08 主卧
09 浴室
10 办公室
11 厨房
12 餐厅
13 露台
14 屋顶露台
15 游泳池

−1

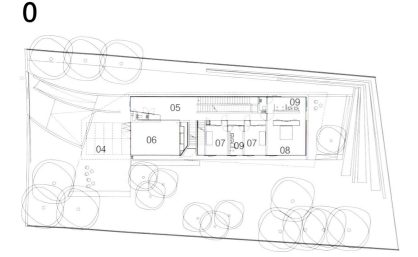

纵剖面图

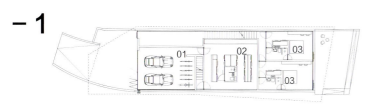

横剖面图

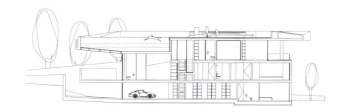

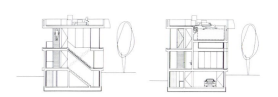

折　纸

文：林振永
图：塞尔焦·皮罗内

金赫曼让一朵花盛放：这个双联式住宅以尖锐的角形结构为主，拥有与世隔绝的室外空间和阳光充沛的室内空间。

01-02 华轩屋位于一个斜坡之上，有很多露台。

03 部分楼梯旁种植了植物，目的是让室内和室外更好地融合。

在韩国拥挤的都市中，各种建筑和基础设施彼此争夺空间，拥有独立的居住环境似乎是可望而不可即的。iroje KHM建筑事务所设计的这个住宅向我们展示了如何在拥挤的公路和建筑群中实现宽松的室内环境和私人空间。

这栋建筑位于韩国平昌洞，首都首尔郊外一个富庶的所在。具体位置在北汉山的一个斜坡上。这个外形古怪的建筑高16英尺，四面都有公路。这栋建筑里住着两个家庭：一对老夫妻住在二楼，他们的儿子一家住在三楼。各个空间相互独立，而又彼此连接。金赫曼赋予一楼以私密性，而二楼和三楼都可以看到远处的北汉山。建筑的外形很像折纸形状。外墙镶嵌了白色镶板，营造出一种世外桃源的感觉。

设计师按照这里场地的地貌设计了连接前门和后门的路径，在建筑内部形成了一个小山谷。从建筑的中心轴对称地向外展开，有一个莫比乌斯带一样的环形路径。住户可以从一楼的前花园上几级台阶进入居住区。这个楼梯通往两个方向，每个方向都可以沿着整个建筑环绕一周。两个方向通往房屋两侧像翅膀一样的两个楼梯井。一个楼梯井通向父母的房间，另一个通向儿子一家的房间。再继续往上爬就能看到屋顶花园。

二楼有一个双重高度的起居室，起居室对面就是前花园。由于吊顶较高，这个房间与楼上的起居室有直接的视觉联系。房屋中心轴两端各有一个小庭院，房屋内部结构呈对称性，环绕着两个小庭院布局。室内的布局和花园类似。花园基本上从前门一直延伸到屋顶。为了满足客户提出的让房子与自然环境相协调的想法，建筑设计师在一个铺满草坪的斜坡上"植入"了楼梯。这个区域形成了一个很小的静谧的绿色景观。

为了解决三楼空间不足的问题，iroje KHM建筑事务所用随性的角形结构装饰了屋顶和外墙，使得整个建筑给人一种尖锐的突起感觉。这些角状结构结合像折纸一样的外形，就像一朵花的花瓣，包裹着中心的花园。"我喜欢灵动的空间，"金赫曼说，"每个空间都要有移动、相互缠绕或者环绕的感觉，都要有自己的故事。"

04 从建筑的中心轴对称地向外展开,有一个莫比乌斯带一样的环形路径。通过这个构造,可以看到静谧的室外花园和周围的绿色景观。

05 景观化的楼梯的另一个例子。

06 三楼的起居室有一个部分双重高度的天花板面向室外空间。

07 所有的卧室都布局在建筑的四周,目的是保障采光。

08 两个楼层的楼梯井都可以通往屋顶花园。与这栋建筑的其他空间一样,这两个楼梯井可以通过折纸图形一样的玻璃窗采光。

> 建筑的外部是折纸图形一样的折叠。外墙贴覆白色镶板,营造出一种静谧的氛围。

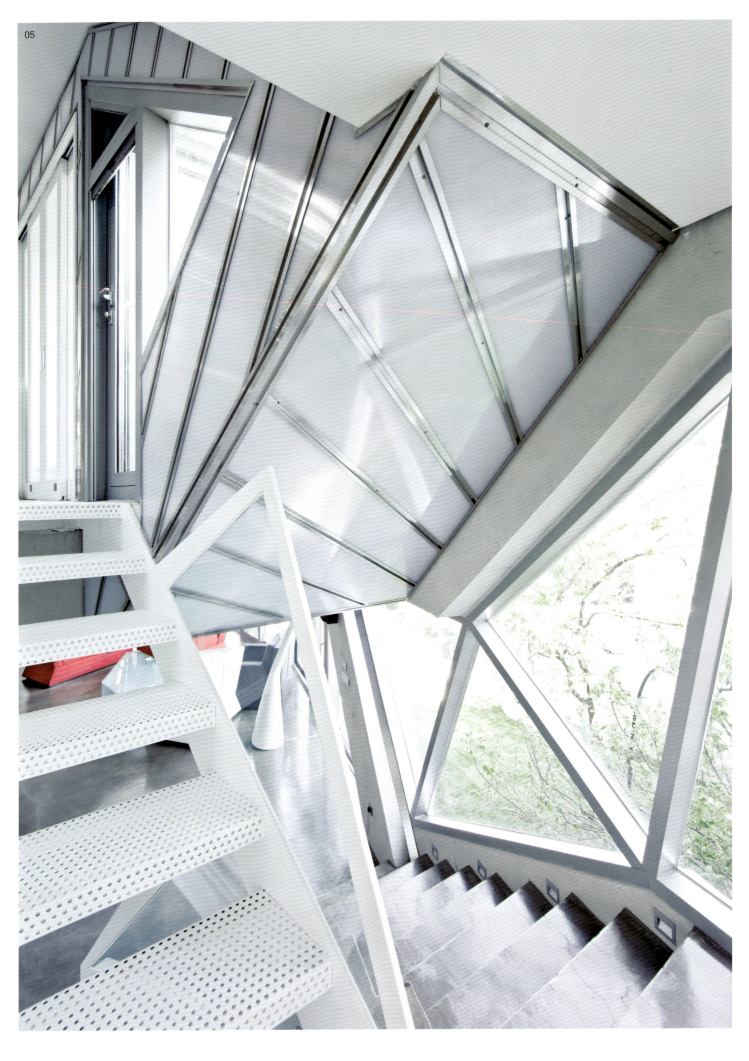

+1

01 车库
02 入口
03 狗窝
04 储藏室
05 池塘
06 阁楼
07 花园
08 卧室
09 浴室
10 学习室
11 起居室
12 餐厅
13 厨房
14 器械间
15 庭院
16 空地
17 屋顶花园

+3

0

+2

横剖面图

纵剖面图

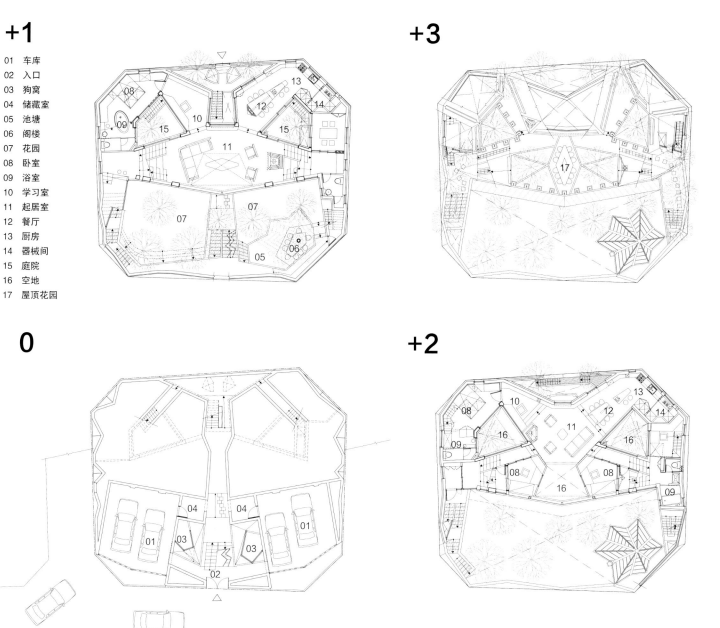

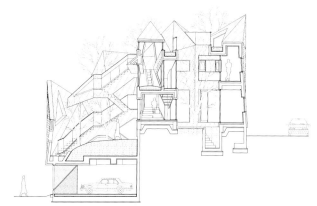

split 分 裂

文：罗宾·坦
图：塞尔焦·皮罗内

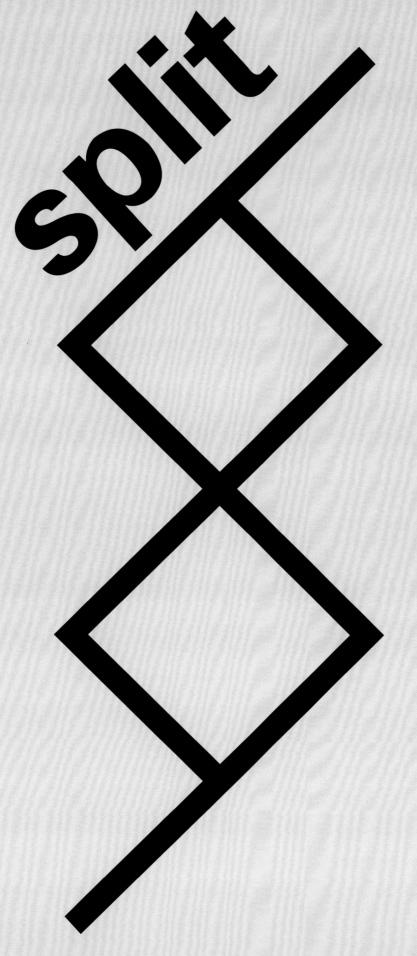

2013 YUUSUKE KARASAWA ARCHITECTS / 唐泽游助建筑事务所　日本埼玉县

唐泽游助创造了一个相互环绕的空间组成的复杂结构，这些空间反映出人与机器之间的演化关系。

01 S屋有4层楼，每层楼都从长和宽两个方向进行分割，从而在两个方向形成不同层次。

02-03 相互分离的层次通过斜板相连。从房屋正面可以看到这些板子的边缘。

S屋的主人清水桥本是一位著名的网络哲学学者。他对法国哲学家米歇尔·塞尔的作品很感兴趣，尤其是其对现代社会人与自然的关系的理解。这栋房屋位于东京郊外的埼玉县，离大宫駅不远。唐泽游助根据客户的兴趣设计了这个住宅。

S屋占地1076平方英尺（100平方米）。S屋有4层楼，每层楼都从长和宽两个方向进行分割，从而在两个方向形成不同层次。每个层次的外边缘又沿着整个建筑的周长环绕，使得建筑的正面每半层都有水平线。透明的玻璃镶嵌在不同层次的水平线中间。水平的层次通过斜板相连，楼梯隐藏在里面。这些斜板的边缘和水平线一样清晰可见。最后的作品就是一个错综复杂的外观，充分显示出交叉错列、令人称奇的设计。

唐泽游助的复杂结构逻辑延伸到室内。室内的地板相互缠绕。内部空间就像迷宫一样。室内有很多对称的空地。虽然看上去是开放式的，但是有时候从一层到另一层可能要走很复杂或者迂回婉转的路线。也就是说，在这个看似相互连通的空间里，从一个地方到另一个地方可能要走很远。

这个设计的理念是挑战互联网上关于深度和距离的复杂关系的解读。用设计师的话来说就是："我们希望这个复杂的、分层次的互联空间，可以成为能够捕捉当今的同时关注多样化和顺序的信息社会的不同活动的新建筑形式。"

04-06 4层楼看似相互开放，但从一个空间到另一个空间可能需要绕一大圈，这是客户所理解的哲学所激发的灵感。

在这个看似相互连通的空间里，从一个地方到另一个地方可能要走很远。

01 储藏室
02 浴室
03 门厅
04 卧室
05 餐厅
06 入口大厅
07 起居室
08 厨房
09 学习室
10 客厅
11 露台

+ 0.5

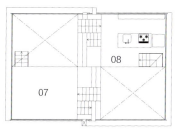

+ 2

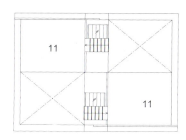

0

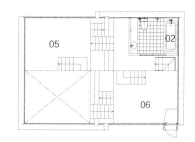

+ 1.5

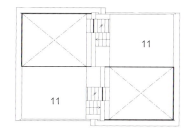

纵剖面图

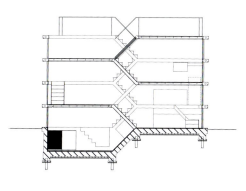

− 0.5

+ 1

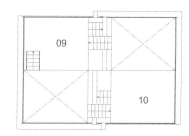

YUUSUKE KARASAWA ARCHITECTS / 唐泽游助建筑事务所　日本埼玉县

小屋

文：西蒙·布什-金
图：苏林·哈德·尼尔森

2013　　REIOLF RAMSTAD ARCHITECTS / 雷乌夫·拉姆斯塔建筑事务所　　挪威耶卢

雷乌夫·拉姆斯塔建筑事务所设计的这个度假别墅赋予紧凑而优雅的实用性空间以功能性。

01-02 房屋的一侧呈分裂状,就像三头水螅一样。整个房屋外墙用同一种木料贴覆,显得很紧凑。

03 厨房位于这三个混凝土结构的中央。

在斯堪的纳维亚,这座用天然材料搭建的精致小屋总能勾起诗情画意。总部位于奥斯陆的雷乌夫·拉姆斯塔建筑事务所设计的这个小屋很像分了三个叉的树,让人浮想联翩。

小屋位于距奥斯陆以西3小时车程的挪威小镇盖罗的滑雪胜地的山间,是一个紧凑型、温暖舒适的小屋。3个分支都有各自独立的功能,包括起居室、餐厅和卧室。小屋面向独特的山景。房屋占地1400平方英尺(130平方米),规模大小适中,居住着一家五口人。最初,拉姆斯塔的客户希望建一个现在尺寸的两倍那么大的房子,但是设计过程中发现更紧凑的结构就能满足他们的所有需求。设计师设计了大小适中的卧室,这样余下的空间就可以灵活设计一个带有壁龛的起居室和两个休息室。

事实上,住宅大小是雷乌夫·拉姆斯塔建筑事务所最关注的事。"我们是按照这个国家同等建筑的常规大小设计的。"雷乌夫·拉姆斯塔说,"在现代建筑中,人们常常忘记材料和尺寸之间的关系。"除了地下室抛光的混凝土板,还有厨房的混凝土台面,房屋其他的部分都是由未经处理的松树木材建造的,只是地板上打了一层蜡而已。拉姆斯塔制定了建筑规划。在这个过程中,他的团队成员必须了解建筑所在地的环境,以及木工活的工艺。"在一个全年都很干燥的地方,"他说,"每一根木材都是经过精心挑选的。"拉姆斯塔最近去看了这家人。他们告诉他这个小屋的光线、空间和一些元素的组合改变了他们对这个地方的视角,增加了生活的乐趣。唯其如此,夫复何求?

04-05 尺寸适中的卧室被置于通往厨房的主过道上。

纵剖面图

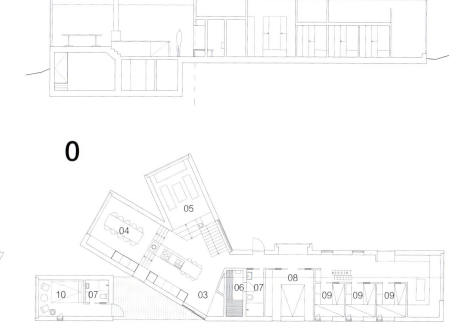

每个分支都有各自独立的功能。

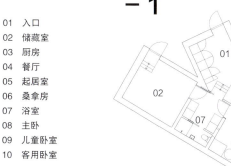

01 入口
02 储藏室
03 厨房
04 餐厅
05 起居室
06 桑拿房
07 浴室
08 主卧
09 儿童卧室
10 客用卧室

REIOLF RAMSTAD ARCHITECTS / 雷乌夫·拉姆斯塔建筑事务所　　挪威耶卢

巨 石

文：厄休拉·鲍斯
图：罗兰·哈尔伯

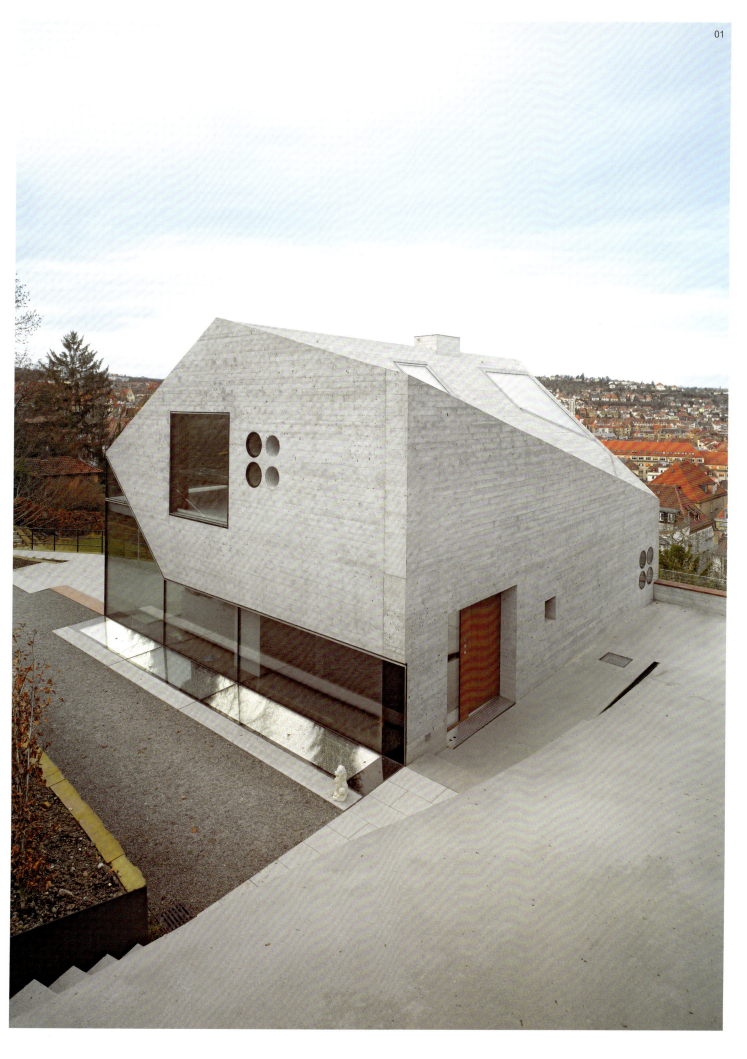

奇特、私密、大块头：
马蒂亚斯·鲍尔利用物质性创造了经典而又极具实用价值的家。

01-03 与房屋的墙壁一样，它的屋顶由密实的混凝土搭成，而且没有贴覆任何屋面材料。

在斯图加特及其周围地区地势较高的地方，可用的建筑用地非常少。找到一块合适的建筑用地像中彩票一样难，更不用说昂贵的地价了。除此之外，一般来说建筑设计师可发挥的余地也很小。这里的很多住宅区对建筑规模有很严格的规定，居住在那里的人（一般他们的住宅都很华丽）常常为了保留周围的建筑而出现冲突。虽然如此，马蒂亚斯·鲍尔在城市西南部的郊外设计并建造的房子却还是实验主义的果实。

这栋房子北面是陡峭的山丘，因此室内设计必须按照垂直的方向设计。在公路上看不到这栋房子，所以路人看不到房子内部，私密性很强。只有在这个山坡对面的一个位置才能看到这栋房子。虽然这栋房子第一眼看上去很夸张，但还是根据这个场地和周围环境量身定制的。从远处看，它一点都不显眼。

无巧不成书，这块土地未开发前，这栋房子的建筑设计师是这块土地的主人。他甚至都制定了建筑方案，但是还没来得及实施就因为个人因素离开了这个地方。最后，买方和卖方之间的关系转化成了客户和建筑设计师之间的关系。

他们一致认为要建一个与周围住宅相一致的大房子。这是为客户建一个"家"。设计师想把屋顶设计成倾斜的，因此计划设计一个像巨大的陨石又兼具紧闭的蚌的特点的整体结构。鲍尔选择热绝缘混凝土作为建筑材料。这种材料在德国不常见，但是在瑞士很常见，也是一个标准化的选择。这也是德国第一个用这种材料建造的房屋。这种材料含有可再生玻璃泡沫颗粒，而不是沙砾；水泥基质中25%是气孔。在德国，这个领域的先驱是迈克·施莱克。他在2007年用玻璃纤维增强泡沫混凝土建造了一栋房子。

斯图加特的这栋房屋墙壁的平均厚度是18英寸。倾斜的屋顶所形成的几何结构中，玻璃纤维强化的双层垫子功能性很强，因此结构工程师可以保障屋顶的坚固性及承重能力。由于使用了就地浇铸混凝土和未经刨平的松树木模子，墙壁和屋顶的复杂结构实现了无缝修饰。三层玻璃与混凝土外墙完美结合，加强了整个建筑的整体性，向外散发一种安全感。

关上花园的大门，进入房屋，你会对即将看到的景象充满好奇。这栋就像从地面上雕琢出来的建筑里会有什么呢？一个洞穴一样的环境，还是充满阳光和空气的大空间呢？进入之后，感觉到了一个安全的所在。从室内观赏室外的景色很难，甚至只有几个位置可以看到室外。由于整个建筑的外形奇特，设计师没有采用规规矩矩的长方形玻璃。很多玻璃窗有尖锐的边缘。也有一些圆形玻璃窗。圆形窗口的布局有所变换：它们或者与厚混凝土外表面最外面的表面齐平，或者与最里面的表面齐平。内侧的玻璃窗是木窗框，就像舷窗一样开关。木匠的工艺精湛，清水面混凝土让我想到一则谚语——"良好的开端是成功的一半"。

04 很多玻璃窗有尖锐的边缘。整个房子就像一个下陷的浴缸。

05 两层细目钢网夹着实木台阶构成了楼梯。

06 圆形窗口的布局有所变换：它们或者与厚混凝土外表面最外面的表面齐平，或者与最里面的表面齐平。

> 在斯图加特，找到一块合适的建筑用地像中彩票一样难。

内部是一个大空间。两层细目钢网夹着实木台阶构成了楼梯。楼梯与玻璃门、玻璃栏杆以及内嵌的壁橱，共同分割了这个巨大的空间，形成很多小空间。传统房间是唯一有地板的房间，它和花园在一个平面上。深色的镶木地板和灰色的粗糙混凝土墙界定了所有房间的格调，在这些房间里，玻璃窗和浅色的家具更多的作用是反射光，而不只是可触摸的材料。这种氛围容易让人想到避难所，但是这栋房子谈不上惬意。你可以用酷、时髦或者独特来形容它。在这个房子里可以体验到舒适，更多的是实用意义。只有一两个细节会破坏整体的效果，比如丙烯酸玻璃造的双水槽。这个水槽朝向一个很高很宽的玻璃窗，它的侧面嵌入外墙，它的管道安装非常复杂。另一个例子是浴室。浴室的上边沿与地板齐平，而浴缸嵌入一个孔洞中，这个孔洞刚好是楼下厨房天花板的位置。微妙的考虑增加了预算，但也反映出客户对当今浴室文化的理解。

在这栋房子里，鲍尔运用热绝缘混凝土的实验没有成为一种技术创新，但确实为客户提供了一个功能强大、愉悦的居住体验。总而言之，这个实验派项目是设计师强大想象力的一个体现。

01 器械间
02 炉子间
03 储藏室
04 婴儿室
05 客房
06 有盖露台
07 桑拿房
08 学习室
09 餐厅
10 起居室
11 厨房
12 入口
13 卧室
14 浴室
15 化妆间

0

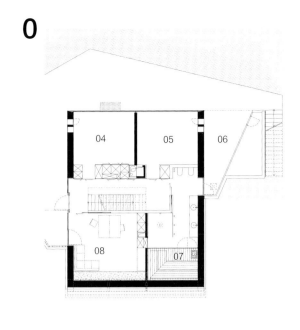

+2

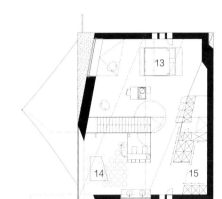

−1

+1

纵剖面图

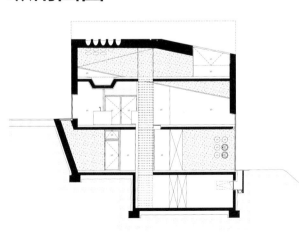

横剖面图

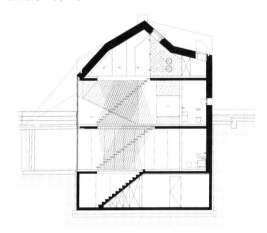

板 条

文：高桥正明
图：克敏佐佐木合伙人公司

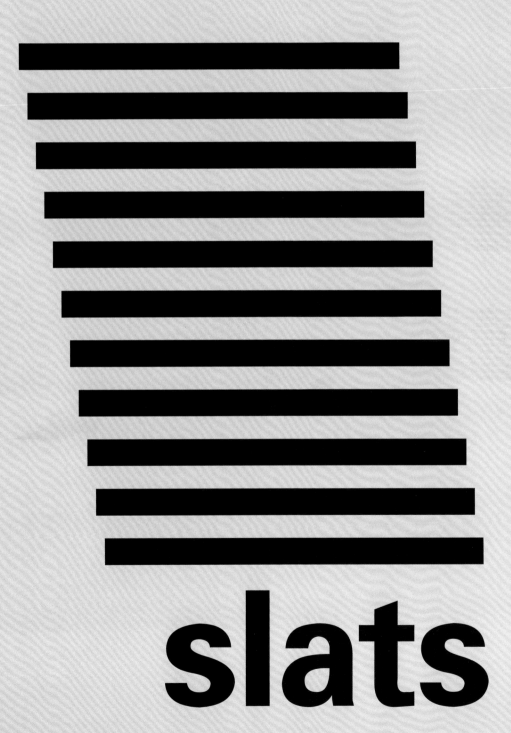

slats

克敏佐佐木合伙人公司在一个六边形塔楼一样的结构中运用板条来降低单调性。

01 房屋不同寻常的外形使得全天任何时间都有阳光照射。

02-05 雪松板条过滤进入房间的阳光,投下的光影让住户感受到时间的流逝。

克敏佐佐木合伙人公司设计的位于日本东京的卡洛屋呈六边形,外墙用暗色木料贴覆,看起来平静安详。由于建筑场地位于一个角落,在距离公路较远的位置,因此留下足够的空间建了一个花园,从而与周围环境完美融合。虽然住宅位于喧闹的住宅区,设计师还是特意在南面设计了一个斜面,这样住户就可以尽情欣赏蓝天和享受阳光了。这些优势是这个项目主体的基础,那就是:将自然光以有形的方式表现出来。

六边形的结构使得房屋户外的空间自然分区,如进出房屋和停车、游戏、晾衣服都有固定的区域。这样设计的另一个原因是使得进入房间的阳光不断出现微妙变化。独特的屋顶似乎悬浮在整个建筑上方,这是通过在屋檐下面安装一窄条玻璃窗来实现的。

房屋内部,沿着六边形结构的边缘是浴室和卫生间。起居室位于房屋中央。整个顶层楼都是儿童的空间。一排排垂直的木板条安装在两侧的六个梁柱上。这些梁柱从最外侧的六个点延伸到中央。通过在森林中采伐收获的雪松木料制成的木板条有1厘米厚、1~2.4英寸(2.5~6厘米)宽。阳光进入房间时,这些木条反射阳光,同时作为分隔物。用建筑设计师的话来说就是:"平行安放的这些木板条使得这个面积很小的开放式房屋不那么单调了。"

六边形的结构使得房屋户外的空间自然分区。

纵剖面图

0

+1

01 入口
02 起居室
03 厨房
04 浴室
05 化妆间
06 主卧
07 儿童卧室

This Is Not A House
978-0-8478-4636-8
Editors of Mark-Another Architecture Magazine, Dan Rubinstein

© 2015 Mark Magazine

Originally published in English under the title This Is Not A House in 2015. Published by agreement with Rizzoli International Publications, New York through the Chinese Connection Agency, a division of The Yao Enterprises, LLC.
本书中文简体版专有出版权由Rizzoli International Publications, New York公司，通过姚氏顾问社授予电子工业出版社。未经许可，不得以任何方式复制或抄袭本书的任何部分。

版权贸易合同登记号 图字：01-2016-6001

图书在版编目(CIP)数据

非住宅 / 荷兰《标记——另一种建筑》杂志，（美）丹·鲁宾斯坦编著；高杨译. -- 北京：电子工业出版社，2016.12
书名原文：This Is Not A House
ISBN 978-7-121-30466-8

Ⅰ. ①非… Ⅱ. ①荷… ②丹… ③高… Ⅲ. ①住宅－室内装饰设计－图集 Ⅳ. ①TU241.02-64

中国版本图书馆CIP数据核字（2016）第284871号

策划编辑：胡先福
责任编辑：胡先福
印　　刷：北京尚唐印刷包装有限公司
装　　订：北京尚唐印刷包装有限公司
出版发行：电子工业出版社
　　　　　北京市海淀区万寿路173信箱　邮编 100036
开　　本：889×1194　1/16　印张：17　字数：463千字
版　　次：2016年12月第1版
印　　次：2016年12月第1次印刷
定　　价：128.00元

凡所购买电子工业出版社图书有缺损问题，请向购买书店调换。若书店售缺，请与本社发行部联系，联系及邮购电话：（010）88254888，88258888。
质量投诉请发邮件至zlts@phei.com.cn，盗版侵权举报请发邮件至dbqq@phei.com.cn。
本书咨询联系方式：电话（010）88254201；信箱hxf@phei.com.cn；QQ158850714；AA书友会QQ群118911708；微信号Architecture-Art